面向"十二五"数字艺术设计规划教材

U0325996

Adobe
Flash

动画设计与制作

标准实训教程（CS5 修订版）

◎ 易锋教育　总策划
◎ 宋宁　编著

Summer
Come we to the summer

纳新通知
院学生会经过换届选举，新
的领导团队已经产生，现办
公室、宣传部、组织部、实
践部集体面向 14 级新同学
纳新。只要你有激情，渴望
大学生活过得精彩，得到锻
炼，就欢迎你加人，一起书
写无悔青春！

纳新了！

首师大科德学院学生会
2014.9.8

印刷工业出版社

内容提要

本书以 Flash 动画制作过程为基础构建学习项目，以岗位工作任务为主线编写各模块内容，是一本着重训练读者使用 Flash CS5 软件进行动画设计的技能实训教材，内容贴近职业实际。书中提供了大量的动画设计与制作的细节图解，由浅入深地讲解了具体制作的步骤与方法，使读者能够在短时间内掌握动画制作的完整设计流程。模块内容包括握手 Flash、绘制图形、制作逐帧动画、制作传统补间动画、制作引导线动画、制作遮罩动画、制作滤镜和时间轴特效动画、制作简单的交互动画，以及制作 3D 动画等。

本书结构清晰、实例丰富，全书安排了大量有针对性的实训任务，并在每个实训案例中融入 Flash 动画设计所必需的知识点，强调理论知识与实践应用的结合。

本书可作为各院校动画设计、网页设计等相关专业的教材，也可作为想从事动画制作工作的自学者的学习用书。

图书在版编目（CIP）数据

Adobe Flash动画设计与制作标准实训教程（CS5修订版）/宋宁编著.
－北京：印刷工业出版社，2014.11
ISBN 978－7－5142－1106－1

I.A… II.宋… III.动画制作软件－教材 IV.TP391.41

中国版本图书馆CIP数据核字(2014)第205987号

Adobe Flash动画设计与制作标准实训教程（CS5修订版）

编　著：宋　宁

责任编辑：张　鑫
执行编辑：王　丹　　　　　　　责任校对：岳智勇
责任印制：冷雪涵　　　　　　　责任设计：张　羽
出版发行：印刷工业出版社（北京市翠微路2号 邮编：100036）
网　　址：www.keyin.cn　　　www.pprint.cn
网　　店：//pprint.taobao.com
经　　销：各地新华书店
印　　刷：北京亿浓世纪彩色印刷有限公司

开　本：787mm×1092mm　　　1/16
字　数：333千字
印　张：14
印　数：1～3000
印　次：2014年11月第1版　　2014年11月第1次印刷
定　价：36.00元
ＩＳＢＮ：978－7－5142－1106－1

丛书编委会

主　任：曹国荣

副主任：赵鹏飞

编委（或委员）：（按照姓氏字母顺序排列）

前言 Preface

本系列图书是在"北京市高等职业教育示范校评估"的大背景下编写的。无论是中职教育还是高职教育，对学生的"职业化"培养目标和理念是一致的。笔者在哈尔滨师范大学有多年从事一线教学工作的经验，此次联合北京市示范性高等职业教育院校的教师及北京上源易锋科技发展有限公司的互动媒体设计师，结合教学实际和工作岗位需求，以 Flash 动画制作实际工作过程中遇到的案例为模型构建学习项目，以完成岗位工作任务为主线编写各任务内容。图书内容贴近职业实际，由简入繁，按照工作主线提取不同的能力目标，分配到 9 个不同的训练模块中，重点加强常用 Flash 技巧的应用训练，主要培养学生在从事 Flash 动画制作、网页设计工作中分析问题、解决问题的能力。

多年的校企合作教学经验告诉我们，职业院校培养学生的核心职业能力目标应是：用所学的职业技能，解决工作中遇到的实际问题。基于此，所有的与教学有关的环节都得围绕这个核心进行改革或优化，让我们培养的毕业生真正成为一个"职业人"。

2011 年 6 月，本系列第一版图书上市发行，以其实用性、典型性、系统性、可行性的编写特色和对职业教育教学规律的遵循与体现，受到了许多来自职业院校教师、学生，以及互动设计公司职员的欢迎，并提出了宝贵的意见，强烈呼吁尽快对图书进行版本的升级。考虑到多数高校软件版本升级较慢的现实，本版图书将选择 Adobe Flash CS5 软件进行升级。

Adobe 公司于 2011 年 5 月发布 Flash CS5 的版本，Flash 软件可以实现多种动画特效，是由一帧帧的静态图片在短时间内连续播放而造成的视觉效果，表现为动态过程。在现阶段，Flash 应用的领域主要有娱乐短片、片头、广告、MTV、导航条、小游戏、产品展示、应用程序开发的界面、开发网络应用程序等几个方面。Flash CS5 已大大增加了网络功能，可以直接通过 xml 读取数据，又加强了与 ColdFusion、ASP、JSP 和 Generator 的整合，因此用 Flash 开发网络应用程序肯定会被越来越广泛地应用。

本书内容特点如下：

1. 遵循职业教育规律，知识点、技能点及实践案例的选择符合高职院校教学组织形式，符合学生知识层次，由简入难，循序渐进，案例真实，贴近实战。

2.配套教学课件、大纲和教案，均体现高等职业教育示范校建设成果，为教师教学和学生学习提供便利。

3.本书以培养学生软件应用能力为目标，以真实职业活动为导向，以任务为载体，突出岗位技能要求，突出工作经验获取，着重训练学生解决实际问题的能力和自学能力，采用模块化的方法组织内容，每个模块对知识目标和能力目标均提出明确具体的要求。

4.基于 Flash 动画制作过程中的常用功能，如"遮罩"等，本书精心挑选了一组真实的工作案例，按照工作过程精心组织内容，确保工作用到什么，我们就训练什么，力求体现实用性和覆盖性。

本书由宋宁编写，同时参与编写和资料整理的还有马增友、李克军、张晓迪、王夕勇、马一冉、胡广昊、贾辉、张金辉、邢航郡，在此一并表示感谢。

本书由易锋教育总策划，读者若有任何意见和建议，可随时联系我们，联系 QQ 是 yifengedu@126.com，亦可直接发送邮件到此邮箱，我们将尽快回复。本书提供配套的电子课件，读者可在印刷工业出版社网站（www.pprint.cn）下载，也可通过上述联系方式联系我们索取。

由于编者水平有限，在编写本书过程中难免会存在疏漏之处，恳请广大读者批评指正。

编 者

2014 年 7 月

目 录 Contents

模块01
握手Flash

知识储备 ·· 2
　　知识1　欣赏优秀的Flash动画作品 ········· 2
　　知识2　了解Flash动画 ····················· 3
　　知识3　熟悉Flash CS5的基本操作
　　　　　　和工作界面 ······················· 5
模拟制作任务 ····································· 9
　　任务1　创建文档并对其进行基本环境设置 ··· 9
知识点拓展 ······································ 13
　　Action Script 3.0和Action Script 2.0 / 像素 / 位图
　　和矢量图
独立实践任务 ···································· 15
　　任务2　形象动画创建Flash文档 ············ 15
职业技能知识点考核 ···························· 16

模块02
绘制图形

模拟制作任务 ···································· 18
　　任务1　绘制一辆小汽车 ···················· 18
知识点拓展 ······································ 34
　　选择工具 / 钢笔工具 / 基本椭圆工具 / 基本矩形
　　工具 / 渐变变形工具 / 元件 / Deco工具
独立实践任务 ···································· 45
　　任务2　绘制搜狐吉祥物 ···················· 45
职业技能知识点考核 ···························· 46

模块03
制作逐帧动画

模拟制作任务 ···································· 48

　　任务1　制作小人跑步动画 ·················· 48
知识点拓展 ······································ 52
　　帧的简介 / 帧的作用 / 帧的类型 / 帧的操作 / 逐
　　帧动画 / 绘图纸功能
独立实践任务 ···································· 61
　　任务2　运用逐帧动画的制作方法
　　　　　　完成水波文字效果的制作 ·········· 61
职业技能知识点考核 ···························· 62

模块04
制作传统补间动画

模拟制作任务 ···································· 64
　　任务1　制作弹力球运动效果动画 ··········· 64
　　任务2　制作首师大科德学院
　　　　　　学生会纳新通知动画 ·············· 70
知识点拓展 ······································ 77
　　时间轴 / 缓动 / 传统补间动画 / 补间动画 / 改变
　　对象大小的动画 / 旋转动画
独立实践任务 ···································· 89
　　任务3　运用补间动画制作方法完成
　　　　　　运动中小球影子效果的制作 ········ 89
职业技能知识点考核 ···························· 90

模块05
制作引导线动画

模拟制作任务 ···································· 92
　　任务1　制作"化蝶"动画片段 ············· 92
知识点拓展 ······································ 97
　　引导层动画
独立实践任务 ···································· 99

任务2　制作"纸飞机的爱情"
　　　　网络图书发布宣传动画 ……… 99
职业技能知识点考核……………… 100

模块06

制作遮罩动画

模拟制作任务…………………… 102
　　任务1　为某手机新品上市制作宣传动画 … 102
知识点拓展……………………… 137
　　遮罩动画／创建遮罩层
独立实践任务…………………… 139
　　任务2　卷轴效果制作 ……… 139
职业技能知识点考核……………… 140

模块07

制作滤镜和时间轴特效动画

模拟制作任务…………………… 142
　　任务1　在Flash中完成
　　　　　　"学院宣传片1"滤镜动画 … 142
知识点拓展……………………… 154
　　滤镜／调整滤镜效果及滤镜设置
独立实践任务…………………… 171
　　任务2　运用时间轴特效动画
　　　　　　制作网站产品介绍 ……… 171
职业技能知识点考核……………… 172

模块08

制作简单的交互动画

模拟制作任务…………………… 174
　　任务1　制作"四季变化"跳转播放按钮 … 174
知识点拓展……………………… 186
　　按钮元件／按钮的4种状态／为按钮添加简单的
　　动作／加入音效／测试按钮互动与超链接能力／
　　"动作"（Actions）的意义
独立实践任务…………………… 189
　　任务2　制作按钮 ……… 189
职业技能知识点考核……………… 190

模块09

制作3D动画

模拟制作任务…………………… 192
　　任务1　制作某网站"时空画面"栏目
　　　　　　的片头动画 ……… 192
知识点拓展……………………… 206
　　Flash CS5中的3D图形／3D旋转对象／3D平移对
　　象／3D编辑工具／创建3D动画
独立实践任务…………………… 215
　　任务2　制作翻书效果相册 ……… 215
职业技能知识点考核……………… 216

Adobe Flash CS5

模块 01

握手 Flash

本模块将通过欣赏优秀的 Flash 动画作品，激发学生的学习兴趣，并简单介绍 Flash 动画的应用领域及制作流程，体验 Flash 软件的工作环境，为下一步学习制作 Flash 动画做好准备。

能力目标

1. 能够正确启动和关闭 Flash 软件
2. 能够进行新建和保存等常规操作

学时分配

6 课时（讲课 4 课时，实践 2 课时）

知识目标

1. 理解位图和矢量图❸的概念
2. 了解 Flash 动画的应用领域及制作流程
3. 熟悉 Flash 工作界面

知识储备

知识 **1** 欣赏优秀的Flash动画作品

在学习Flash动画之前，首先要对Flash动画有所了解，通过欣赏优秀的Flash动画作品，可以揭开Flash的神秘面纱，同时培养用户对Flash动画的学习兴趣。只要对Flash产生兴趣，接下来的学习就会很轻松。这里我们选取了一些优秀的Flash动画作品供同学们欣赏。

优秀作品赏析，如图1-1所示。

作品1

作品2

作品3

作品4

作品5

作品6

图1-1　优秀作品赏析图例

- 作品1：使用矢量动画软件表现三维效果，模拟电影的镜头手法，毫不逊色于视频大片。
- 作品2：使用计算机绘画手法，高明度的色调，以诙谐幽默的表现形式展现的Flash网络动画。
- 作品3：细腻的手绘技巧，富有形式美感的线条，具有装饰美的颜色，将绘画功底与Flash软件完美融合。
- 作品4：借鉴版画的艺术格式，朴素的描绘，悲伤的故事情境，拓展了Flash动画的艺术表现力。
- 作品5：潇洒、自由、随性的线条传达出作者超强的手绘功底，表现技巧予取予求、收放自如，以点带面，类似于"嬉皮士"的表达风格，一个人一生的"沉浮"尽现观众眼底，此乃大师级的作品。

- 作品6：细腻的手绘技巧，富有形式美感的线条，具有装饰美的颜色，模仿电影的表现形式，演绎完整的故事情节，这是典型的Flash动画作品。

知识 2 了解Flash动画

Flash是1997年Macromedia公司发布的基于网络的多媒体动画制作工具，Macromedia公司于2005年4月18日被Adobe公司收购。与传统的多媒体动画制作工具相比，Flash动画有使用方便、文件容量小、传输速度快等优点，现已被广泛应用于网页设计、广告、游戏、影片等互联网相关领域。

1. Flash动画的优点

（1）文件容量小

与其他大容量的影像文件相比，Flash动画作品以其容量小、画面华丽、交互性强等优点成为网络动画的首选格式。

（2）图像放大或缩小时不受损伤

Flash以矢量形式处理图像，在放大或缩小图像时，图片质量不会受到影响。

（3）互动性强

Flash不仅能够演示动画而且还可以利用鼠标事件和按钮事件配合Action Script语句为动画制作交互效果，实现与用户的人机交互。

（4）音形并茂

Flash可以通过插入声音和视频来表现影像的真实与动感。

（5）下载速度快

Flash采用当今先进的"流"式播放技术，用户可以边下载边观看Flash动画，最大限度地解决了网络带宽不足的问题。同时也可以在Flash独有的Action Script脚本中添加等待程序，使动画在下载完毕后再观看，解决了网络动画的速度限制。

（6）学习简单、费用低廉

与其他强大的多媒体制作工具相比，Flash动画的制作成本非常低，学习起来快而简便，同时对计算机的配置要求较低，是我们以最低廉的费用、最快的速度实现制作出自己独创动画作品梦想的首选工具。

2. Flash动画的应用领域

由于Flash动画包含以上众多优点，所以能够应用于很多领域。从网页设计到多媒体宣传，Flash动画不仅在因特网上流行，而且在脱机状态下的使用也得到了充分的发展，特别是新兴的手机媒体。

（1）网页艺术

主要指网页设计以及以Flash动画为主题建立个人或企业的网站，如图1-2所示。

（2）制作多媒体光盘

主要应用于企业宣传、教育教学、产品展示、电子杂志等方面，如图1-3所示。

图1-2　Flash软件制作的网页

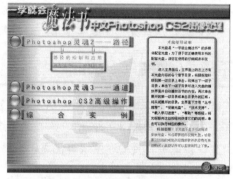

图1-3　Flash软件制作的多媒体光盘

（3）幼儿教育用Flash动画

主要包括网络童话、益智游戏等，如图1-4所示。

（4）网络广告

常用于产品宣传、新闻消息等，如图1-5所示。

图1-4　Flash软件制作的益智游戏

图1-5　Flash软件制作的网络广告

（5）动画艺术

常用于在特定主题动画、动漫网站、电视节目中连载的Flash动画，如图1-6所示。

图1-6　动漫网站中连载的Flash动画

　　Flash动画设计师是一个时尚且高薪的职业，深受年轻人的喜爱。然而，目前专业从事Flash动画艺术创作的人才十分缺乏。因为它不仅要求从业人员能够熟练操作Flash动画软件及其他绘图软件，还要求从业人员具备良好的美术功底、艺术修养和扎实的绘画能力，同时还要具有制作动画的经验，并掌握制作方法。然而，这个岗位上的大部分工作人员并不是在从事专业的动画创作，他们主要集中在网页设计、网络广告设计、多媒体光盘制作等领域。这些领域对从业人员的要求相对低一些，待遇也相对低一些。

3. Flash动画的制作流程

根据前期的脚本设计，先利用Flash、Illustrator、Photoshop等绘图或图像处理软件绘好图形或编辑处理好素材图像，然后再把它编辑成动画影像。典型的绘图工具有Photoshop和Illustrator等，编辑影片文件的工具有Premiere和After Effect等。Flash则是一种既能绘制图形又能编辑影音、图像的简单方便的多媒体动画制作工具。制作Flash动画的流程如下。

（1）前期策划

制作Flash动画之前要有一个思路或者规划，首先要明确制作这个动画的目的是什么？主题是什么？受众是谁？要根据目的、主题和受众设计脚本、风格、色调、背景音乐等。

（2）制作素材

在确立了剧情或者主题后，要根据前期策划收集或绘制合适的素材。编辑素材时要多配合其他软件，如Photoshop。

（3）制作动画

利用Flash制作动画是整个过程中最重要的一步，直接关系到最终动画作品的效果。我们要扎实地学习Flash动画的制作技术，通过参考书、互联网等吸收借鉴成功作品的技术应用经验，精益求精，制作出富有生命力和艺术效果的动画作品。

（4）调试优化

调试的过程是优化动画的节奏、色彩、声音以及播放效果等的过程，通过调试，保证动画作品的最终效果与质量。

（5）测试动画

在不同配置的计算机上对动画进行播放和下载等测试，根据测试结果对动画作品进行调整和优化，保证动画在不同环境下保持良好的播放效果。

（6）发布动画

根据动画的用途、使用环境进行输出格式、画面品质和声音等的设置，用于网络传播的动画作品应充分考虑网速对动画播放速度的影响，权衡设置。

知识 3 熟悉Flash CS5的基本操作和工作界面

在学习应用Flash CS5之前我们应该先对Flash软件有一个基本的了解，掌握Flash软件基本的操作规范。

1. Flash CS5的基本操作

（1）启动Flash CS5

Flash CS5安装完成后，该软件即可使用。启动Flash CS5的方法主要有以下3种。

- 双击计算机桌面上的Flash CS5快捷方式图标，启动Flash CS5。
- 选择"开始" > "程序" >Adobe Flash Professional CS5命令启动Flash CS5，如图1-7、图1-8所示。

- 打开一个Flash CS5动画文档，启动Flash CS5。

图1-7　启动Flash软件

图1-8　Flash软件启动画面

（2）退出Flash CS5

动画制作完成之后，需要关闭Flash CS5，关闭Flash CS5的方法主要有以下3种。

- 选择"文件" > "退出"命令，关闭Flash CS5。
- 按Ctrl+Q或Alt+F4快捷键，退出Flash CS5。
- 单击Flash CS5操作界面右上角的 ╳ 按钮，退出Flash CS5。

2. Flash CS5的工作界面

启动 Flash CS5之后，将打开默认的欢迎界面。单击欢迎界面"新建"选项下方的" Script3.0"❶选项，将打开Flash CS5的工作界面。

Flash CS5的工作界面主要由"菜单栏"、"图层"、"时间轴"、"工具箱"、"舞台"、"面板"、"'属性'面板"等部分组成，如图1-9所示。

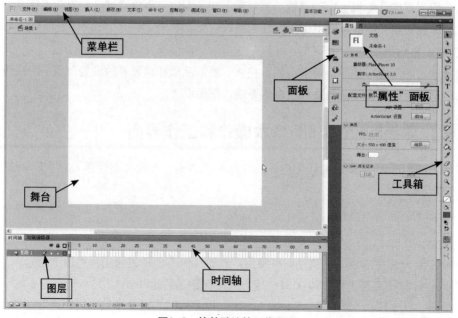

图1-9　软件默认的工作界面

（1）菜单栏

Flash CS5中的菜单栏包含11个菜单，这些菜单提供了大量的命令和操作，Flash中所有的功能都可以在菜单中找到，如图1-10所示。

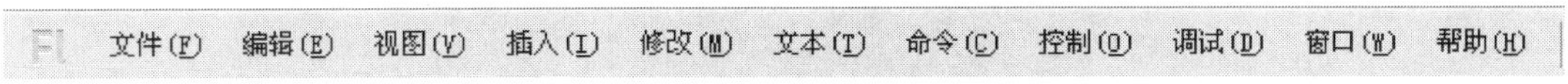

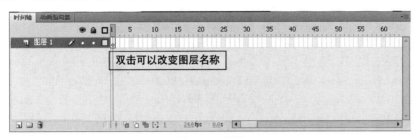

图1-10　菜单栏

（2）图层

与Photoshop等软件中的图层一样，主要用于分层管理图像，便于修改和操作，上方图层的图形将遮挡下方图层的图形，如图1-11所示。

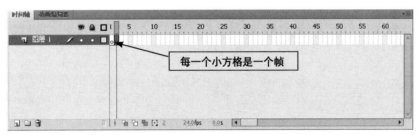

图1-11　图层

（3）时间轴

"时间轴"用于组织和控制动画。Flash将时间分割成许多小块，每一块表示一帧，在时间轴中对应的是时间轴上的一个小格，由左向右按顺序逐帧播放就形成了动画，如图1-12所示。

图1-12　时间轴

（4）工具箱

"绘图工具栏"类似于一个"工具箱"，里面包含各式各样的工具，这些工具可以用来绘制和编辑图形、调整颜色、放大和缩小画面等，如图1-13所示。

图1-13　工具箱

（5）舞台

"舞台"是绘制图形、经营画面和制作动画的区域，如图1-14所示。

图1-14　舞台

（6）面板栏

面板栏中集中了Flash的编辑工具，用于设置Flash操作中的各选项值。隐藏面板的快捷键是F4，如图1-15所示。

（7）"属性"面板

"属性"面板主要由"发布"、"属性"和"SWF历史记录"3个选项卡，其中"发布"选项卡主要显示了Flash作品的播放器、脚本等内容；"属性"选项卡主要显示工具、对象以及文档的基本属性；"SWF历史记录"选项卡主要显示在"测试影片"、"发布"和"调试影片"期间生成的所有SWF文件的大小，如图1-16所示。

（a）面板　　（b）"窗口"菜单

图1-15　面板栏

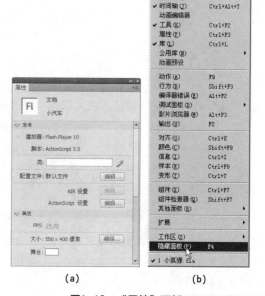

（a）　　　　（b）

图1-16　"属性"面板

模拟制作任务

任务 1　创建文档并对其进行基本环境设置

任务背景

搜狐新闻以及时、客观、全面的报道深受群众的喜爱，对网站的访问量贡献较大。目前推出基于移动客户端的APP，希望能在首页上设计一个广告式Banner进行推广下载，效果如图1-17所示。

图1-17　Banner效果图

任务要求

创建一个Flash文档，文档尺寸为450像素×105像素❷（px），以此为基础进行Flash广告制作。

重点、难点

1．文档类型的选择。
2．文档尺寸的设置。
3．"辅助线"的显示和隐藏。
4．"网格"的显示和隐藏。
5．"保存"命令。

【技术要领】Ctrl+N组合键（新建）；Ctrl+J组合键（修改文档属性）；Ctrl+Alt+Shift+R组合键（显示标尺）；Ctrl+;组合键（显示或隐藏辅助线）；Ctrl+'组合键（显示或隐藏网格）；Ctrl+S组合键（保存动画）。

【解决问题】养成良好的工作习惯，事半功倍。

【素材来源】素材\模块01\Banner.fla。

任务分析

"创建文档"是进行每一个设计任务的必要步骤，创建文档的时候主要注意两点：一是文档类型的选择；二是文档的尺寸设置。另外，文档设置完成后马上要进行保存操作，这样，在下一步的任务制作过程中只需要随时按Ctrl+S组合键即可完成对文档的保存，防止因突然死机、断电、软件故障等意外因素造成文档的丢失。

操作步骤

创建文档

01 启动Flash CS5，按Ctrl+N组合键（"文件"＞"新建"）打开"新建文档"对话框，在"常规"选项卡中选择"Flash文件（ActionScript 3.0）"或者"Flash文件（ActionScript 2.0）❶"选项，新建一个空白文档，如图1-18所示。

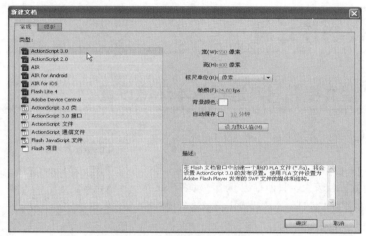

图1-18 "新建文档"对话框

02 按Ctrl+J组合键（"修改">"文档"），将尺寸修改为450像素×105像素，如图1-19所示。

图1-19 修改文档大小

03 单击"确定"按钮，得到以下效果，如图1-20所示。

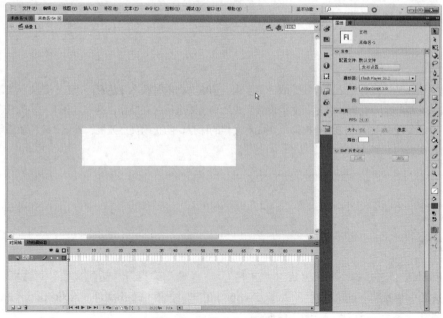

图1-20 文档大小设置完成

04 选择"视图">"标尺"命令或按Ctrl+Alt+Shift+R组合键显示出标尺，方便将来使用辅助线，如图1-21所示。

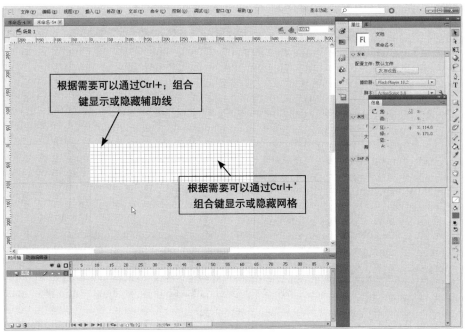

图1-21　显示辅助线

05 选择"窗口">"对齐"命令或按Ctrl+K组合键，弹出"对齐"面板；选择"窗口">"变形"命令或按Ctrl+ T组合键弹出"变形"面板。按住"对齐"面板的标题栏不放将其拖动到"变形"面板上方的灰色区域，释放鼠标将其并入"变形"面板，如图1-22所示。

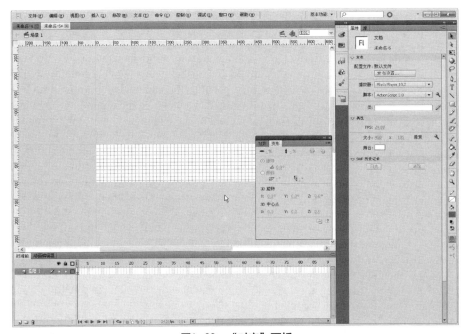

图1-22　"对齐"面板

06 选择"文件">"另存为"命令,打开"另存为"对话框,如图1-23所示。输入文件名并选择好保存类型,单击"保存"按钮即可对文档进行保存,以后的工作中可以随时按下"Ctrl+C"组合键对文档进行保存。

图1-23　"保存"对话框

知识点拓展

❶ Action Script 3.0和Action Script 2.0

（1）Action Script的发展

Action Script 是一种基于 ECMA Script 的编程语言，用来编写 Adobe Flash 电影和应用程序。Action Script 1.0最初随 Flash 5 一起发布，这是第一个完全可编程的版本。Flash 6 增加了几个内置函数，允许通过程序更好地控制动画元素。在 Flash 7 中引入了 Action Script 2.0，这是一种强类型的语言，支持基于类的编程特性，如继承、接口和严格的数据类型。Flash 8 进一步扩展了 Action Script 2.0，添加了新的类库以及用于在运行时控制位图数据和文件上传的 API。Flash Player 中内置的 Action Script Virtual Machine（AVM1）执行 Action Script。通过使用新的虚拟机 Action Script Virtual Machine（AVM2），Flash 9以后的版本（附带 Action Script 3.0）大大提高了性能。

（2）Action Script的版本

Action Script 的老版本（Action Script 1.0 和 Action Script 2.0）提供了创建效果丰富的 Web 应用程序所需的功能和灵活性。Action Script 3.0 现在为基于 Web 的应用程序提供了更多的可能性。它进一步增强了这种语言，提供了出色的性能，简化了开发的过程，因此更适合高度复杂的 Web 应用程序和大数据集。Action Script 3.0 可以为以 Flash Player 为目标的内容和应用程序提供高性能和开发效率。Action Script 3.0 是一种强大的面向对象编程语言，它标志着 Flash Player Runtime 演化过程中的一个重要阶段。设计 Action Script 3.0 的意图是创建一种适合快速地构建效果丰富的互联网应用程序的语言，这种应用程序已经成为 Web 体验的重要部分。

Action Script 3.0有一个全新的虚拟机，在回放时可以执行Action Script的底层软件。Action Script 1.0和Action Script 2.0都使用AVM1（Action Script虚拟机1），因此它们在需要回放时本质上是相同的。虽然Action Script 2.0增加了强制变量类型和新的类语法，但它实际上在最终编译时变成了Action Script 1.0，而Action Script 3.0运行在AVM2上，是一种新的专门针对Action Script 3.0代码的虚拟机。因此，Action Script 3.0动画不能直接与Action Script 1.0和Action Script 2.0动画通信，因为它们用的不是相同的虚拟机。

（3）Action Script版本之间的区别

Action Script 3.0版本和以前的版本相比，有很大的区别：它需要一个全新的虚拟机来运行，在Flash Player中的回放速度要比Action Script 2.0代码快10倍，在早期的版本中有些并不复杂的任务在Action Script 3.0中的代码长度会是原来的两倍，但是最终会获得高速和高效率。

对于习惯使用Action Script 1.0和Action Script 2.0的用户来说可能会有一些不适应，例如，在Action Script 3.0中不能直接给"按钮"赋予动作等，用户可根据自己的习惯选择使用，Flash CS5版本提供两种代码模式供用户选择。

❷ 像素

"像素"（Pixel）由 Picture（图像）和 Element（元素）这两个单词的字母组成，是用来计算数码影像的一种单位，如同摄影的相片一样，数码影像也具有连续性的浓淡阶调，我们若把影像放大数倍，就会发现这些连续色调其实是由许多色彩相近的小方格所组成，这些小方格就是构成影像的最小单位"像素"（Pixel）。这种最小的图形单元在屏幕上显示通常是单个的染色点，越高位的"像素"，其拥有的色板也就越丰富，越能表达颜色的真实感，一个"像素"通常被视为图像的最小的完整采样，如图1-24所示。

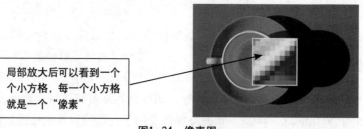

局部放大后可以看到一个个小方格，每一个小方格就是一个"像素"

图1-24　像素图

❸ 位图和矢量图

　　"位图"（bitmap），也可称作"点阵图"、"栅格图像"、"像素图"，简单地说，就是最小单位由像素构成的图，缩放会失真。构成"位图"的最小单位是像素，"位图"就是由像素阵列的排列来实现其显示效果的，每个像素有自己的颜色信息，在对"位图"图像进行编辑操作的时候，可操作的对象是每个像素，我们可以通过改变图像的色相、饱和度、明度，从而改变图像的显示效果。例如，"位图"图像就好比在巨大的沙盘上画好的画，当你从远处看的时候，画面细腻多彩，但是当你靠得非常近的时候，你就能看到组成画面的每粒沙子以及每个沙粒单纯的不可变化的颜色。

　　"矢量图"（vector），也称作"向量图"，简单地说，就是缩放不失真的图像格式。"矢量图"是通过多个对象的组合生成的，对其中的每一个对象的记录方式，都是以数学函数来实现的，也就是说，"矢量图"实际上并不像"位图"那样记录画面上每一点的信息，而是记录了元素形状及颜色的算法，当打开一幅矢量图的时候，软件对图形对应的函数进行运算，将运算结果（图形的形状和颜色）显示出来。无论显示画面是大还是小，画面上的对象对应的算法都不变，因此，即使对画面进行多倍数的缩放，其显示效果仍然相同（不失真）。举例来说，"矢量图"就好比画在质量非常好的橡胶膜上的图，不管对橡胶膜进行怎样的长宽等比成倍拉伸，画面依然清晰，不管离得多么近，也不会看到图形的最小单位。

　　矢量图特别适于创建通过 Internet 提供的内容，因为它的文件非常小。Flash 是通过广泛使用"矢量"图形做到这一点的。与"位图"图形相比，"矢量"图形需要的内存和存储空间小很多，因为它们是以数学公式而不是大型数据集来表示的。"位图"图形之所以更大，是因为图像中的每个像素都需要一组单独的数据来表示，如图1-25所示。

（a）矢量图　　　　　　　（b）位图

图1-25　矢量图与位图

独立实践任务

任务 2　形象动画创建Flash文档

任务背景

某学院网站要改版，准备在首页上放置一个形象动画，Dreamweaver中此处设置的用于嵌套Flash影片的表格尺寸是1000像素（宽）×260像素（高），影片文档名称为"形象.fla"，如图1-26所示。

图1-26　某学院网站

任务要求

1. 文档尺寸为1000像素（宽）×260像素（高）。

2. 文档名称命名为"形象.fla"。

3. 可根据自己的设计思路修改文档的其他属性，如背景颜色等。

【技术要领】Ctrl+N组合键（新建）；Ctrl+J组合键（修改文档属性）；Ctrl+Alt+Shift+R组合键（显示标尺）；Ctrl+；组合键（显示或隐藏辅助线）；Ctrl+'组合键（显示或隐藏网格）；Ctrl+S组合键（保存文档）。

【解决问题】网页中的素材尺寸设置。

【素材来源】素材\模块01\首页.jpg、形象.jpg。

任务分析

主要制作步骤

职业技能知识点考核

1．单项选择题

（1）Flash是一款（   ）制作软件。

A. 图像　　　　　　B. 矢量图形　　　　　　C. 矢量动画　　　　　　D. 非线性编辑

（2）所有动画都是由（   ）组成的。

A. 时间线　　　　　B. 图像　　　　　　　　C. 手柄　　　　　　　　D. 帧

2．多项选择题

（1）Flash操作界面中最重要的面板包括（   ）、（   ）、（   ）。

A. 时间轴　　　　　B. 属性面板　　　　　　C. 库面板　　　　　　　D. 工具面板

（2）库面板用于存放文档中用到的元件，它有（   ）和（   ）两种视图状态。

A. 窄库视图　　　　B. 窄视图　　　　　　　C. 宽库视图　　　　　　D. 宽视图

3．判断题

（1）Flash制作出的动画体积非常大，不适合于有限的网络传输速度。（   ）

（2）时间线由帧构成，不同的帧对应了不同的场景。（   ）

Adobe Flash CS5

模块 02

绘制图形

本模块主要引导学生掌握 Flash 软件中各种工具的使用方法和技巧，为以后在实际项目中绘制复杂的场景动画打好基础，同时理解元件的概念并掌握其制作方法。

能力目标

1. 能够使用"钢笔工具"绘制简单图形
2. 能够使用"填充工具"填充各种图形颜色
3. 能够使用"选择工具"调整线条形状
4. 能够使用"基本椭圆工具"绘制环形
5. 能够使用"基本矩形工具"绘制圆角矩形
6. 能够将图形转换为"元件"
7. 能够使用"Deco 工具"绘制建筑物背景

学时分配

6 课时（讲课 4 课时，实践 2 课时）

知识目标

1. 掌握工具箱中各种工具的使用方法
2. 理解元件的概念
3. 理解路径的概念

模拟制作任务

任务 1　绘制一辆小汽车

任务背景

每年4月30日为我国交通安全反思日，某网站要在首页放置一个以宣传"遵守交通法规"为主题的Flash动画，设计师小马已经构思了动画的情节，其中需要用到一个"小汽车"的角色，如图2-1所示。

图2-1　小汽车的完成效果

任务要求

绘制一个"小汽车"图形元件，卡通形象，色彩明快，造型可爱，并设计在适当的背景上以烘托气氛。

重点、难点

1．"钢笔工具"的使用。

2．"基本矩形工具"的使用。

3．"填充工具"的使用。

4．"Deco工具"的使用。

【技术要领】利用"钢笔工具"绘制大形，利用"选择工具" ➊（黑箭头）调整弧度；利用"基本椭圆工具"绘制汽车轮子；利用"基本矩形工具"绘制门把手、保险杠等；按F8键转换为元件；使用Deco工具绘制建筑物背景。

【解决问题】环状图形绘制、圆角矩形绘制、渐变色填充。

【素材来源】素材\模块02\小汽车.fla。

任务分析

小汽车的形象应尽量选择可爱的卡通形象，使其具有亲和力，便于大众接受。颜色选用红色，冲击力强，在交通环境中也能起到警醒的作用。将其制作成"图形元件"存放于"库"中，便于在动画制作的过程中随时调用。

操作步骤

创建文档

01 启动Flash CS5，按Ctrl+N组合键打开"新建文档"对话框，在"常规"选项卡中选择"Flash文件（Action Script 3.0）"选项，新建一个空白文档。按Ctrl+J组合键，修改文档设置，具体参数如图2-2所示。

图2-2　"文档设置"对话框

02 设置完成后单击"确定"按钮进入场景编辑画面，如图2-3所示。

图2-3　进入场景编辑画面

设置工具属性

03 在"工具箱"中设置"笔触颜色"为"黑色"（#000000），设置"填充颜色"为"橘色"（#FF3300），单击"工具箱"中的"铅笔工具"，在场景右侧的"属性"面板中将"笔触高度"设置为2，如图2-4所示。

图2-4　笔触的设置

绘制小汽车

04 选择"工具箱"中的"钢笔工具❷"（快捷键为P）在舞台中央绘制小汽车车体部分轮廓，并将"图层1"的名称更改为"车体"，如图2-5所示。

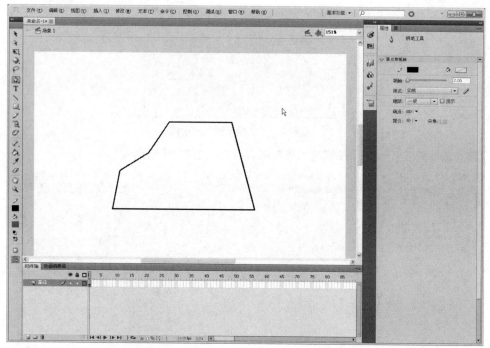

图2-5　使用"钢笔工具"绘制小汽车轮廓

05 选择"工具箱"中的"选择工具"，将鼠标指针移动到场景中刚才绘制的小汽车外形上，待其鼠标指针变成 形状时调整线条的弧度，如图2-6所示。

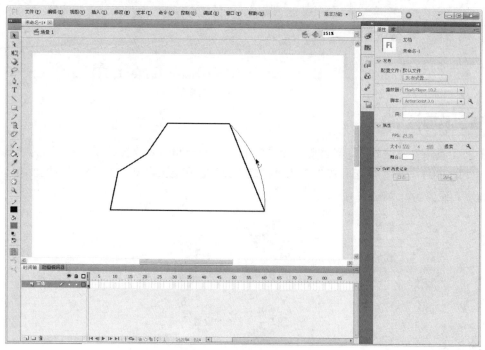

图2-6　调整线条的弧度

06 选择"工具箱"中的"颜料桶工具"（快捷键为K），将鼠标指针移动到车体上单击，为车体填充"橘色"（#FF3300），如图2-7所示。

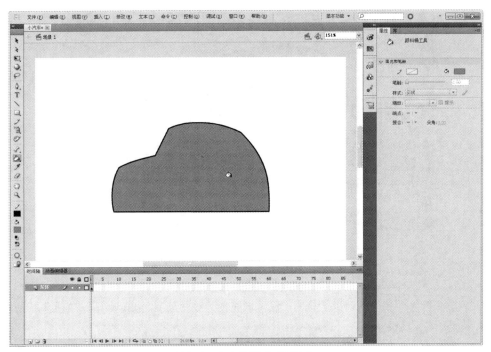

图2-7 为车体填充"橘色"

07 单击"插入图层"按钮，新建"图层2"，并将其重命名为"车窗"，选择"钢笔工具"
按照上述绘制车体的方法在"车窗"图层中绘制小汽车的4个车窗部分，效果如图2-8所示。

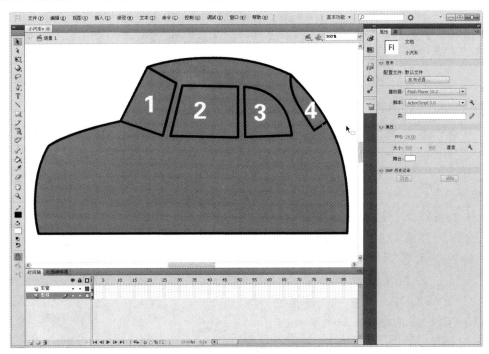

图2-8 绘制4个车窗部分

08 选择"工具箱"中的"选择工具"，将鼠标指针移动到场景中绘制的"2"号车窗部分上，
双击鼠标，全选整个"车窗2"，如图2-9所示。

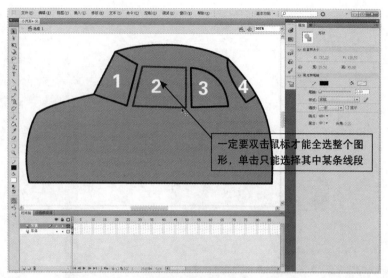

图2-9　全选"车窗2"

09 选择"工具箱"中的"颜料桶工具"，设置填充色为线性渐变 #000000 ，如图2-10所示。

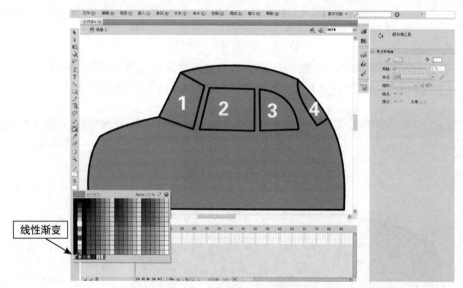

图2-10　设置填充色为线性渐变

10 选择"窗口">"颜色"命令或按Shift+F9
组合键，如图2-11（a）所示，调整
"颜色"面板下方的渐变条，左右
两个滑块的颜色值分别设置为"白
色"（#FFFFFF）、"浅蓝色"
（#00CCFF），如图2-11（b）所示。

11 使用"颜料桶工具"，分别填充4个车窗
部分，如图2-12所示。

（a）　　　　　　　（b）
图2-11　设置"颜色"面板

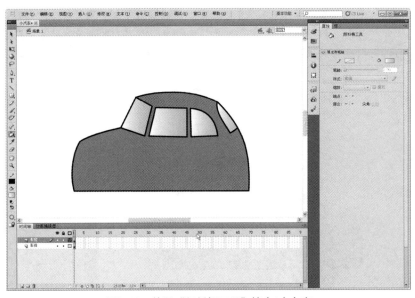

图2-12　使用"颜料桶工具"填充4个车窗

12 选择"工具箱"中的"渐变变形工具" ⑤（快捷键为F），对4个车窗部分的渐变填充色进行方向、位置和范围的调整，如图2-13所示。

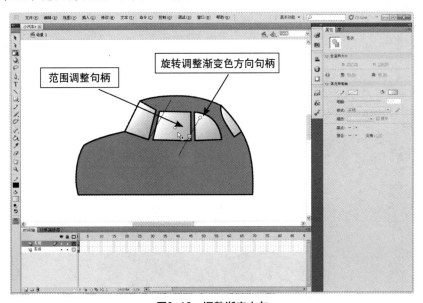

图2-13　调整渐变方向

13 单击"插入图层"按钮，新建一个图层，将图层命名为"车轮"，如图2-14所示，并开始在"车轮"图层绘制汽车的轮子。

图2-14　修改图层名称

14 选择"工具箱"中的"基本椭圆工具❸"，设置"笔触颜色"为"灰色"（#575757），"填充颜色"为"深灰色"（#333333），在"属性"面板中设置"笔触高度"为2，移动鼠标指针到舞台，在靠近车体的下方按住Shift键拖动鼠标，绘制一个尺寸为68px×68px的圆形，如图2-15所示。

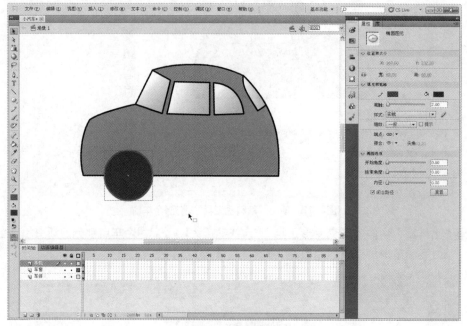

图2-15　绘制车轮

15 选择"工具箱"中的"选择工具"或按快捷键V，将鼠标移动到圆形的中心，拖动圆环的中心点形成一个内径为47的圆环，如图2-16所示，绘制完成后，释放鼠标，结果如图2-17所示。

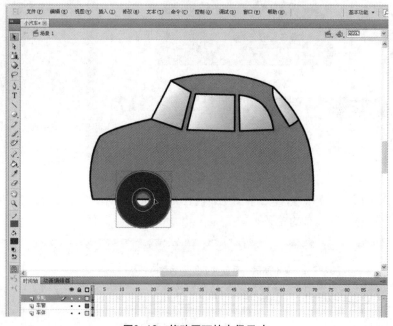

图2-16　修改圆环的内径尺寸

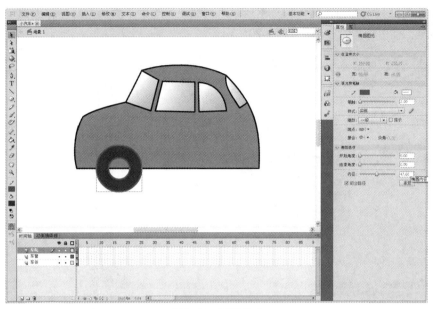

图2-17　绘制完成

16 单击"插入图层"按钮新建图层，将新建图层拖动到"车窗"图层和"车轮"图层之间，并将其命名为"轮床"，如图2-18所示。再次选择"工具箱"中的"钢笔工具"，绘制用于放置车轮的"轮床"部分，使小汽车显得更加形象生动，如图2-19所示。

图2-18　新建"轮床"图层

单击眼睛图标下方的部分
可暂时隐藏"车轮"图层

图2-19　绘制"轮床"部分

17 将"轮床"部分填充为"黑色"，然后单击"车轮"图层下方的眼睛图标取消"车轮"图层的隐藏，使车轮再次显示，如图2-20所示。

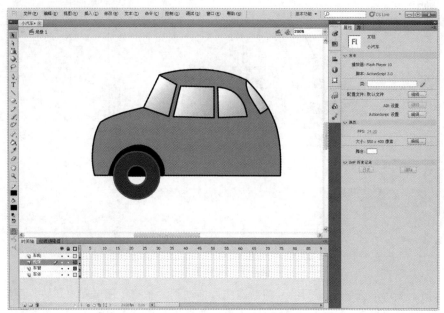

图2-20　"轮床"绘图效果图

18 按照上述方法或者通过复制的办法将后面的车轮部分也绘制出来，效果如图2-21所示。

19 单击"插入图层"按钮，在"车轮"图层和"轮床"图层之间新建"车圈"图层，如图2-22所示。

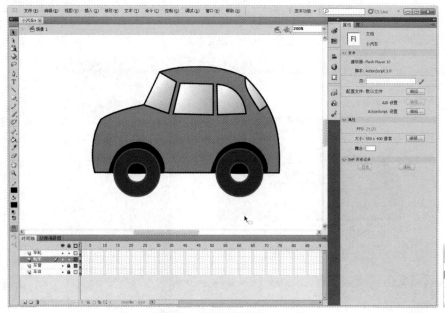

图2-21　绘制车轮效果图

图2-22　新建"车圈"图层

20 选择"工具箱"中的"椭圆工具"，设置"工具箱"中的"笔触颜色"为无，"填充颜色"为"灰蓝色"（＃339999），如图2-23所示。按住Shift键同时拖动鼠标，在舞台中绘制一个圆形，完成车轮中间车圈部分颜色填充，使小汽车看上去更加生动，如图2-24所示。

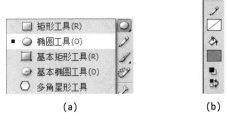

（a）　　　　　　　　　　　　（b）

图2-23　选择"椭圆工具"设置笔触颜色

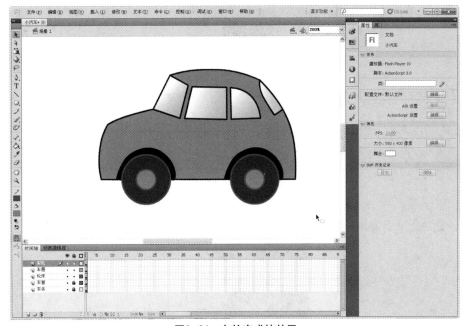

图2-24　车轮完成的效果

21 单击"插入图层"按钮，新建一个图层，并命名为"其他零件"，如图2-25（a）所示，选择"工具箱"中的"基本矩形工具❹"，如图2-25（b）所示，设置"笔触颜色"为"黑色"，"笔触高度"为2，"填充颜色"为"浅灰色"（＃CCCCCC），如图2-25（c）所示。将鼠标指针移动到舞台并绘制一个矩形（小汽车的后保险杠），如图2-26所示。

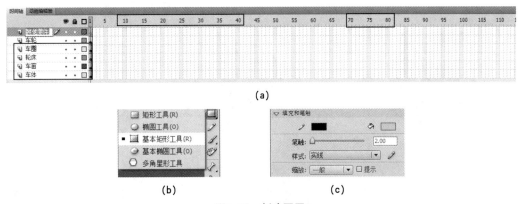

（a）

（b）　　　　　　　　　　（c）

图2-25　新建图层1

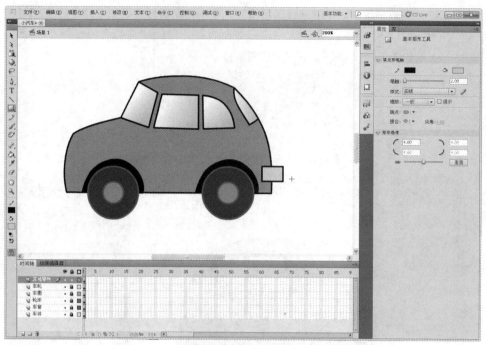

图2-26　绘制一个矩形

22 选择"工具箱"中的"选择工具"，将鼠标指针移动到矩形的任意一个节点上，按住鼠标左键调整矩形成为圆角矩形，如图2-27所示。

图2-27　调整矩形成为圆角矩形

23 选择"工具箱"中的"任意变形工具"（快捷键为Q），调整圆角矩形的大小，并使用移动工具调整其位置，完成小汽车后保险杠的绘制，效果如图2-28所示。

(a)　　　　　　　　　　　　　　　　　　(b)

图2-28　调整圆角矩形的大小

24 按照上述方法完成车身其他部位零件的绘制，可根据个人喜好进行添加，目的是使小汽车看上去更加生动形象，完成后的效果如图2-29所示。

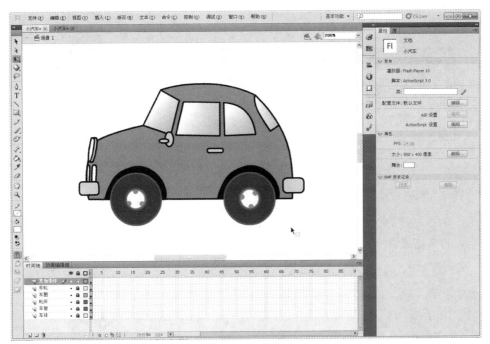

图2-29　完成效果

25 选择"工具箱"中的"选择工具"，在舞台中央拖动鼠标绘制一个大的矩形，确保将小汽车全部选中，如图2-30所示。

图2-30　全选小汽车

26 按F8键，打开"转换为元件❻"对话框，设置名称为"小汽车"，类型为"图形"，如图2-31（a）所示，单击"确定"按钮将绘制的小汽车转换为一个图形元件，如图2-31（b）所示。

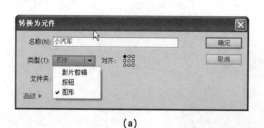

(a)

(b)

图2-31 将绘制的小汽车转换为图形元件

27 查看"库"面板（快捷键为Ctrl+L），发现小汽车已经保存在库里了。

28 最后，为绘制好的小汽车设计背景。单击"插入图层按钮"，新建一个图层，命名为"背景"，将其拖放到所有图层的下面，并将其他图层暂时隐藏，如图2-32所示。

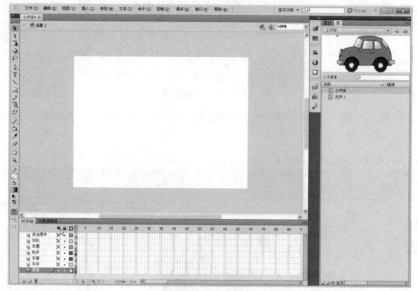

图2-32 新建图层2

29 选择"工具箱"中的"矩形工具"，设置"笔触高度"为2，"笔触颜色"为"无"，"填充颜色"为"线性渐变"，并在"颜色"面板里面将渐变条左右两个滑块的颜色值分别设置为"白色"（#FFFFFF）、"蓝色"（#0054EC），设置如图2-33所示。

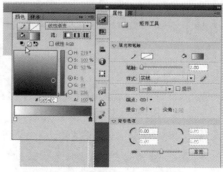

图2-33 设置矩形工具的属性

30 拖动鼠标，绘制一个与场景一样大小的矩形，并使用"渐变变形"工具调整填充颜色的渐变方向，效果如图2-34所示。

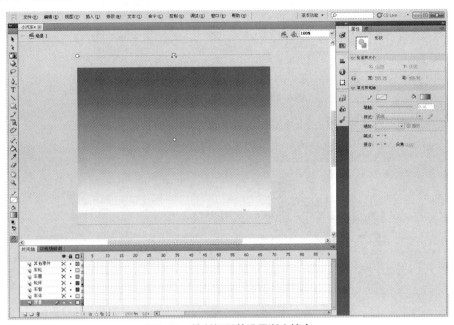

图2-34　绘制矩形并设置渐变填充

31 选择"工具箱"中的"直线工具"，设置"笔触高度"为2，"笔触颜色"为"黑色"，在画面中间绘制一条地平线，如图2-35所示。

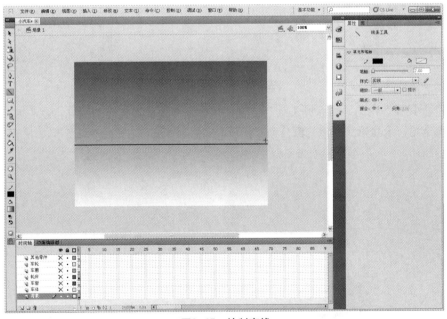

图2-35　绘制直线

32 选择"工具箱"中的"Deco工具"❼，在"属性"面板里面设置"绘制效果"为"建筑物刷子"，"高级选项"为"随机选择建筑物"，"建筑物大小"为1，如图2-36所示。

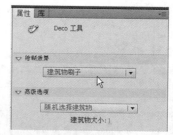

图2-36　Deco工具及其属性设置

33 按住鼠标左键不放，在地平线上拖动鼠标绘制建筑物，效果如图2-37所示。

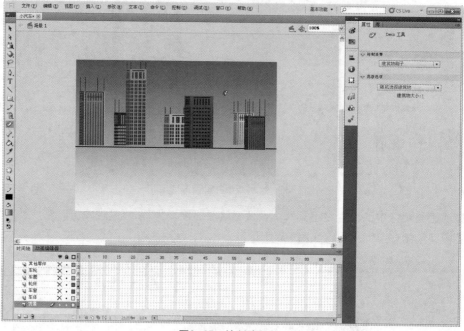

图2-37　绘制建筑物

34 选择"工具箱"中的"喷涂刷工具"，在"属性"面板里面勾选"默认形状"和"随机缩放"复选框，设置喷涂元件的颜色为"黄色"（#FFFF33），如图2-38所示。

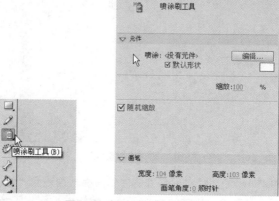

图2-38　喷涂刷工具及其属性

35 在建筑物后面的背景上单击并拖动鼠标，添加类似星星的装饰符号，效果如图2-39所示。

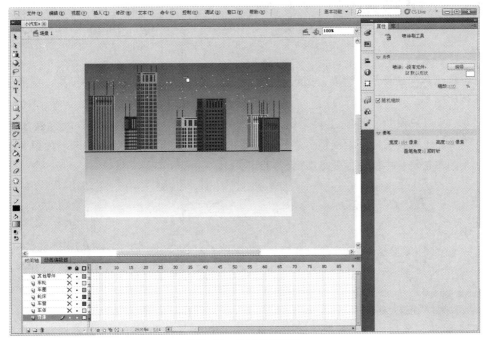

图2-39　绘制星状符号

36 单击时间轴上的"眼睛"图标，将隐藏的图层显示出来，调整小汽车的位置，最终效果如图2-40所示。

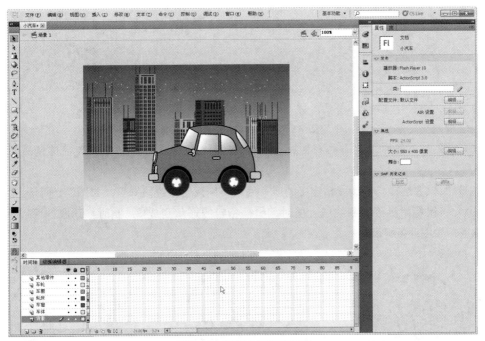

图2-40　调整小汽车的位置

知识点拓展

❶ 选择工具

"选择工具"主要用于选取、移动、变形对象，是使用次数最高的一种工具。选择工具的常用操作如下。

（1）当用户使用"选择工具"选取一个矩形选框时，选框中的对象就会被选中，如图2-41所示。也可以按需要绘制矩形进行部分选取对象的操作，如图2-42所示。如果要取消选取操作，则单击舞台中的空白处或按Esc键即可。

图2-41　全选对象　　　　　　　　　　　图2-42　部分选取对象

（2）选中对象后，将鼠标放到选中对象的中间区域，拖动鼠标即可移动对象，如图2-43所示。

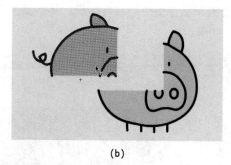

（a）　　　　　　　　　　　　　　　　　（b）

图2-43　拖动选中对象的中间部分

（3）使用"选择工具"时将鼠标指针移动到一条线段上单击可以选中这条线段，如图2-44所示。

（4）如果要选择与该线段相连接的所有线段，则双击该线段即可，如图2-45所示。

（5）将鼠标指针移动到线段上面时，鼠标指针的形状变成 ，此时拖动鼠标可以调整线段的弧度，如图2-46所示。

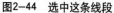

图2-44　选中这条线段　　图2-45　选择与该线段相连接的所有线段　　图2-46　调整线段的弧度

（6）还可以拖动拐角点改变线段的长度和方向，如图2-47所示。

（7）没有轮廓线只有面时，也可以像拖动线条一样进行操作，如图2-48所示。

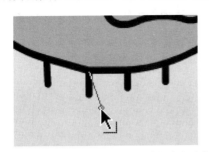

图2-47　拖动拐角点改变线段的长度和方向　　　　图2-48　拖动面

（8）通过"铅笔工具"绘制的线条不是很光滑，如图2-49所示。可以通过"选择工具"的选项设置面板中的"平滑" 按钮调整平滑度，如图2-50所示。或者单击"伸直" 按钮对选取的线段进行整理，如图2-51所示。

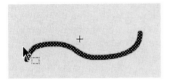

图2-49　铅笔工具绘制的线段　　　　图2-50　单击几次 后　　　　图2-51　单击几次 后

❷ 钢笔工具

Flash中的"钢笔工具"比Illustrator和Photoshop中的"钢笔工具"在功能上逊色很多，在Flash CS5软件中，"钢笔工具"有了很大的改进，可以对"路径"上的点或线进行"贝塞尔曲线"的自由控制。Flash CS5中还增加了"添加锚点工具"、"删除锚点工具"和"转换锚点工具"，使得曲线的调整操作变得非常容易。

（1）绘制直线

① 选中"钢笔工具"后，每单击一次鼠标，就会产生一个锚点，并且与前一个锚点自动用直线连接，如图2-52所示。在绘制的同时，按住Shift键，则将线段约束在45°角上，直接单击生成的锚点为角点，如图2-53所示。

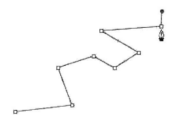

图2-52　使用"钢笔工具"绘制直线　　　　图2-53　按住Shift键绘制

② 结束图形的绘制有3种方法：第一，在终点处双击；第二，用鼠标单击"工具箱"中的"钢笔工具"；第三，按住Ctrl键单击鼠标。此时的图形为开口曲线。

③ 如果将"钢笔工具"移至曲线起始点处，当鼠标变成 时单击鼠标，即连成一个闭合

曲线并填充上默认的颜色。

（2）绘制曲线

"钢笔工具"最强的功能在于绘制曲线。在添加新的线段时，在某一位置处开始拖动鼠标，当指针变成 ▶ 时，新锚点会自动与前一点锚点用曲线相连，并且显示出控制曲率的切线控制点，如图2-54所示。这样生成的带曲率控制点的锚点称为曲线点。

图2-54　绘制曲线

（3）曲线点转换成角点

选择"钢笔工具"，将钢笔移动到曲线的某一个曲线点上，指针变为 ♦，表示可以将曲线点转换为角点。单击鼠标则可以将该曲线点转换为角点，如图2-55所示。

图2-55　将曲线点转换为角点

> **? 注意**
>
> 不能在使用"钢笔工具"绘制图形的过程中使用此功能，结束绘制后或刚启用"钢笔工具"时才有效。

（4）添加锚点

如果要制作更复杂的曲线，则需要在曲线上添加一些锚点。选择"钢笔工具"，笔尖对准需要添加锚点的位置，指针的下面出现一个加号标志 ♦+，单击鼠标，则在该点上添加了一个锚点，如图2-56所示。

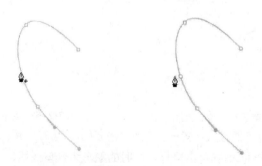

图2-56　添加锚点

注意

只能在曲线上添加锚点，直线上无法添加锚点。

（5）删除锚点

要删除锚点时，钢笔的笔尖对准需要删除的节点，指针的下面出现一个减号标志🖊，表示可以删除该节点。单击鼠标即可删除该锚点，如图2-57所示。

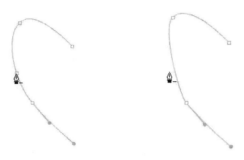

图2-57　删除锚点

删除曲线点时，用钢笔工具单击该曲线点，将该曲线点转换为角点，再一次单击，将该点删除。

❸ 基本椭圆工具

利用"基本椭圆工具"可以轻松地创建环形、球形、扇形和饼形等基本形状。

（1）使用"选择工具"拖动圆形中心点形成圆环形状，如图2-58所示。

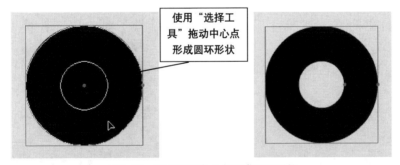

使用"选择工具"拖动中心点形成圆环形状

图2-58　拖动圆形中心点形成圆环形状

（2）拖动圆形右侧的控制点，可以将环形变为扇形，如图2-59所示。

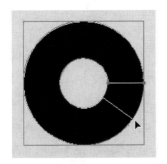

图2-59　将环形变为扇形

❹ 基本矩形工具

从Flash CS3版本开始在原有的"矩形工具"的基础上新增了"基本矩形工具"，如图2-60所示。利用"基本矩形工具"绘制矩形，如图2-61所示，然后使用"选择工具"或"部分选取工具"拖动绘制的矩形顶点，如图2-62所示。或者在其"属性"面板中直接输入圆角的值，都可以轻松地将绘制的矩形修改为圆角矩形，如图2-63所示。

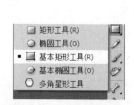

图2-60　"基本矩形工具"

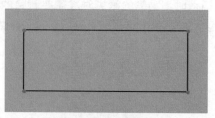

图2-61　绘制矩形

图2-62　拖动绘制的矩形顶点

图2-63　圆角矩形

❺ 渐变变形工具

"渐变变形工具"主要设置对象填充颜色的方向、范围和位置，通过使用"渐变变形工具"，可将对象的填充颜色处理为需要的各种色彩，如图2-64、图2-65、图2-66、图2-67所示。

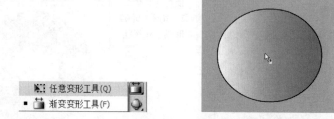

图2-64　"渐变变形工具"的使用

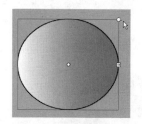

图2-65　改变颜色填充的范围

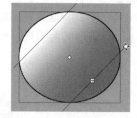

图2-66　改变颜色填充的方向

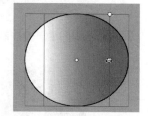

图2-67　改变颜色填充的位置

❻ 元件

把Flash动画说成是"元件的美学"一点都不夸张，因为用Flash制作的动画质量好坏直接与能否很好地运用元件有关。"元件"是在舞台中绘制一个对象，并赋予名称和属性后保存在图片库中的图形。

"元件"是构成动画的基础，它可以反复使用，因而不必重复制作相同的部分，提高工作效率。在Flash动画中使用"元件"可以减小文件的大小并便于进行"补间"操作，"元件"重复使用不会增加影片文档的容量，从而有利于动画的快速播放。

（1）图形元件

"图形元件"用于创建可反复使用的图形，它可以是静止的图片，用来创建连接到主时间轴的可重用的动画片段，"图形元件"也可以是多个帧组成的动画。"图形元件"是制作动画的基本元素之一，但它不能添加交互行为和声音控制。

（2）按钮元件

"按钮元件"主要用于激发某种交互性的动作，如Replay、"重播"等按钮都是"按钮元件"。通过交互控制，按钮可以响应各种鼠标事件，如单击"重播"按钮，将会使动画重新播放。"按钮元件"包括"弹起"、"指针经过"、"按下"和"点击"4种状态，在"按钮元件"的不同状态上创建不同的内容，可以使按钮响应鼠标的操作，如图2-68所示。

图2-68　按钮的4种状态

（3）影片剪辑元件

"影片剪辑元件"本身就是一段动画。使用"影片剪辑元件"，可以创建反复使用的动画片段，并且可以独立播放。"影片剪辑元件"拥有独立于主时间轴的多帧时间轴，当播放主动画时，"影片剪辑元件"也在循环播放。它们可以将影片剪辑实例放在"按钮元件"的时间轴中以创建动画按钮。

❼ Deco工具

Deco工具是Flash中一种类似"喷涂刷"的填充工具，使用Deco工具可以快速完成大量相同元素的绘制，也可以应用它制作出很多复杂的动画效果。将其与图形元件和影片剪辑元件配合，可以制作出效果更加丰富的动画效果。

Deco工具提供了众多的应用方法，除了使用默认的一些图形绘制以外，Flash CS5还为用户提供了开放的创作空间，可以让用户通过创建元件，完成复杂图形或者动画的制作。

Deco工具是在Flash CS4版本中首次出现的。在Flash CS5中大大增强了Deco工具的功能，增加了众多的绘图工具，使得绘制丰富背景变得方便而快捷。

在Flash CS5中一共提供了13种绘制效果，包括藤蔓式填充、网格填充、对称刷子、3D刷子、建筑物刷子、装饰性刷子、火焰动画、火焰刷子、花刷子、闪电刷子、粒子系统、烟动画和树刷子，可以在"属性"面板里面根据需要选择使用，如图2-69所示。

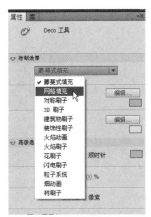

图2-69　Deco工具

（1）藤蔓式填充

选择"工具箱中"的"Deco工具"，在"属性"面板中的"绘制效果"下拉列表框中选择"藤蔓式填充"，可以用藤蔓式图案填充舞台、元件或封闭区域。通过从库中选择元件，可以替换叶子和花朵的插图。生成的图案将包含在影片剪辑中，而影片剪辑本身包含组成图案的元件。在舞台上单击左键，图案会自动蔓延直到再次单击。藤蔓式填充的效果如图2-70所示。

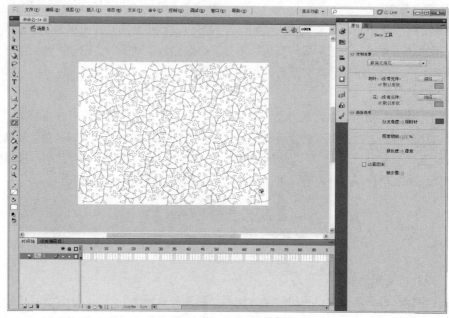

图2-70　藤蔓式填充

（2）网格填充

网格填充可以把基本图形元素复制，并有序地排列到整个舞台上，产生类似壁纸的效果。在"属性"面板中的"绘制效果"下拉列表框中选择"网格填充"选项，可创建棋盘图案、平铺背景或用自定义图案填充的区域。在不同位置多次单击可产生丰富的效果，如图2-71所示。

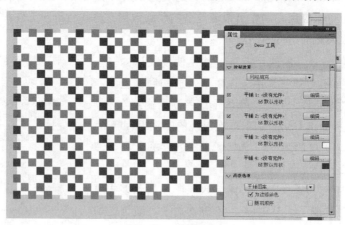

图2-71　网格填充

（3）对称刷子

使用对称刷子效果，可以围绕中心点对称排列元件。在舞台上绘制元件时，将显示手柄，使用手柄增加元件数、添加对称内容或者修改效果，来控制对称效果。使用对称刷子效果可以创建圆形用户界面元素（如模拟钟面或刻度盘仪表）和旋涡图案。在中心对称点周围单击左键，绘制出中心对称的矩形，选择其他工具，中心点消失，效果如图2-72所示。

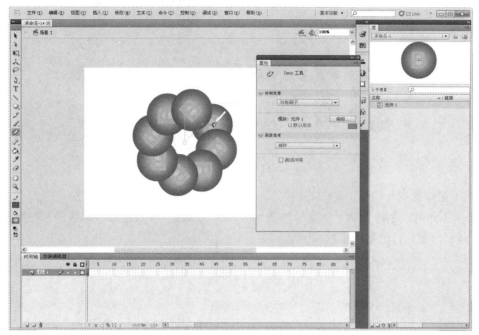

图2-72 对称刷子效果

（4）3D刷子

通过3D刷子效果，可以在舞台上对某个元件的多个实例涂色，使其具有3D透视效果。在舞台上按住鼠标左键并拖动绘制出的图案为无数个图形对象，并且具有透视感，如图2-73所示。

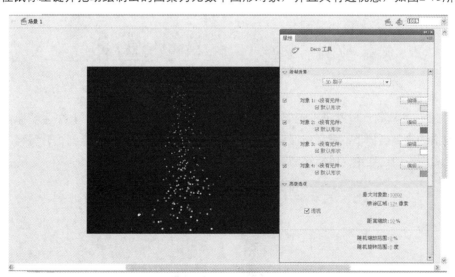

图2-73 3D刷子效果

（5）建筑物刷子

使用Deco工具的"建筑物刷子"绘制效果，可以在舞台上绘制建筑物，建筑物的外观取决于为建筑物属性选择的值。将鼠标移动到舞台上按住左键不放，由下往上拖动到合适的位置绘制出建筑物体，松开左键创建出建筑物顶部，如图2-74所示。

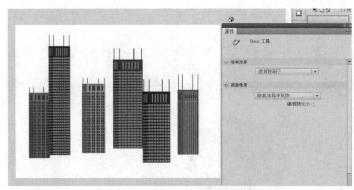

图2-74　建筑物刷子效果

（6）装饰性刷子

Deco工具的"装饰性刷子"绘制效果，可以绘制点线、波浪线等装饰线条。在舞台上拖动可以绘制出装饰性图案，如图2-75所示。

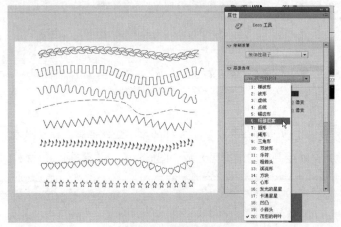

图2-75　装饰性刷子效果

（7）树刷子

使用Deco工具的"树刷子"绘制效果，可以创建树状插图。在舞台上按住鼠标左键由下往上快速拖动绘制出树干，然后减慢移动的速度，绘制出树枝和树叶，直到松开鼠标左键。在绘制树叶和树枝的过程中，鼠标移动得越慢，树叶越茂盛，如图2-76所示。

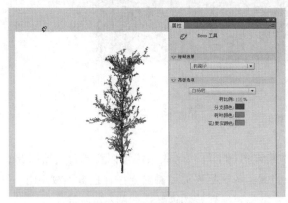

图2-76　树刷子效果

（8）花刷子

使用Deco工具的"花刷子"绘制效果，可以绘制程式化的鲜花。在舞台上按住鼠标左键并拖动鼠标可以绘制花簇图案，拖动越慢，绘制的花簇越密集，如图2-77所示。

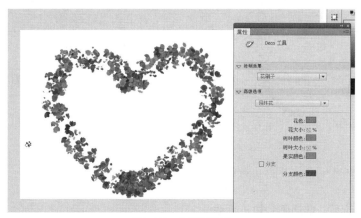

图2-77　花刷子效果

（9）闪电刷子

使用Deco工具的"闪电刷子"绘制效果，用户在舞台上任意一位置按住鼠标左键不放可以创建闪电效果，松开鼠标，闪电效果创建完成。而且还可以通过勾选"动画"复选框创建具有动画效果的闪电，如图2-78所示。

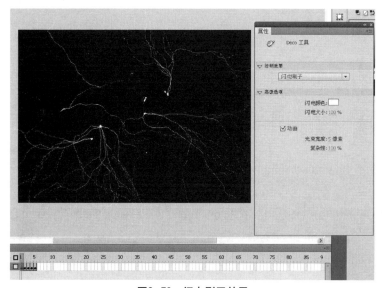

图2-78　闪电刷子效果

（10）火焰刷子

借助火焰刷子效果，可以在时间轴当前帧中的舞台上绘制火焰。

从属性检查器中的"绘制效果"菜单中选择"火焰刷子"，设置火焰刷子效果的属性，在舞台上拖动以绘制火焰。

火焰刷子效果包含下列属性。

火焰大小：指火焰的宽度和高度。值越高，创建的火焰越大。

火焰颜色：指火焰中心的颜色。在绘制时，火焰从选定颜色变为黑色，如图2-79所示。

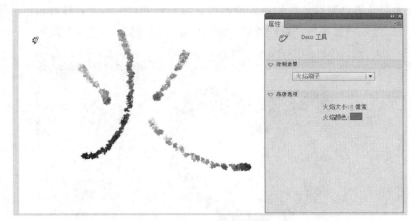

图2-79　火焰刷子效果

（11）火焰动画、烟动画和粒子系统

Deco工具也提供了一些动画模式，可以创建程式化逐帧火焰动画、烟动画、水、气泡及其他效果的粒子动画。在舞台上单击或拖动鼠标，会在时间轴上自动生成关键帧，并绘制出每一帧的图形，制作出逐帧动画的效果，如图2-80所示。

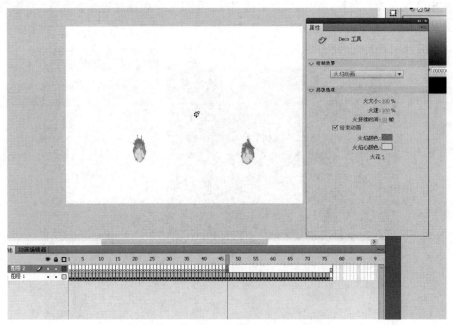

图2-80　火焰动画、烟动画和粒子系统效果

独立实践任务

任务 2 绘制搜狐吉祥物

任务背景

搜狐网的吉祥物是一只可爱的小狐狸，网站在进行一些活动宣传的时候经常要用到它，为了方便制作Flash影片，要求设计师在Flash软件中绘制一个"小狐狸"的图形元件存放在库中备用。

任务要求

绘制的小狐狸要可爱、有水晶似的质感，元件的各个部分要分图层存放。

【技术要领】放射状渐变填充、"钢笔工具"、"椭圆工具"。

【解决问题】水晶球特效绘制。

【素材来源】素材\模块02\小狐狸.fla。

真实案例参考http://www.sohu.com。

任务分析

主要制作步骤

职业技能知识点考核

1．单项选择题

（1）Flash所提供的消除锯齿的方法不包括哪些？

A. 使用设备字体

B. 锐利化消除锯齿

C. 动画消除锯齿

D. 可读性消除锯齿

（2）绘制直线时按住（　　）键，可以绘制出水平直线。

A. Shift　　　　　　　B. Alt　　　　　　　C. Alt + Shift　　　　　　　D. Del

2．多项选择题

（1）笔触和填充的区别在于（　　）。

A. 笔触颜色用于轮廓线条

B. 笔触颜色用于填充区域

C. 填充颜色用于轮廓线条

D. 填充颜色用于填充区域

（2）在Flash中使用（　　）和（　　）来选择对象。

A. 选择工具　　　　　B. 套索工具　　　　　C. 直线工具　　　　　D. 魔术棒工具

3．判断题

（1）"工具箱"又称工具栏，是Flash中用来存放绘图工具的场所。（　　）

（2）在Flash中，不可以在当前文档中使用其他文档的元件。（　　）

Adobe Flash CS5

模块 03

制作逐帧动画

通过学习制作简单的逐帧动画，理解逐帧动画的原理，了解 Flash 中帧❶的作用❷和三种类型❸，掌握帧的操作❹，能够应用逐帧动画的方式制作一些特殊效果。

能力目标

1. 能够制作逐帧动画
2. 能够运用逐帧动画制作特殊效果

学时分配

6 课时（讲课 4 课时，实践 2 课时）

知识目标

1. 理解帧的概念
2. 理解逐帧动画的原理
3. 绘图纸功能

模拟制作任务

任务 1 制作小人跑步动画

任务背景

要制作一个Flash动画影片来宣扬积极向上的人生态度，动画的开场设计是一个人迎着朝阳向前奔跑的镜头，反映有朝气的生活态度，如图3-1所示。

图3-1　跑步动画完成效果

任务要求

绘制一个奔跑动作的小人，要求动作较连贯，并使用简笔画形式。

重点、难点

1. 跑步动作的连贯。
2. 在每个空白关键帧上插入相应的图形元件。

【技术要领】空白关键帧的使用、动作分解、绘图纸功能。

【解决问题】连续动作制作。

【素材来源】素材\模块03\跑步.fla。

任务分析

在一些Flash动画作品中，我们经常看到一些非常连续的动作效果出现，如人走路、小鸟扇动翅膀等。这些效果使整个动画变得更加流畅和细腻，这都是"帧"动画的功劳，本任务也可以使用帧动画的形式来表现。

操作步骤

创建文档

01 打开"素材\模块03\跑步.fla"文件，如图3-2所示。

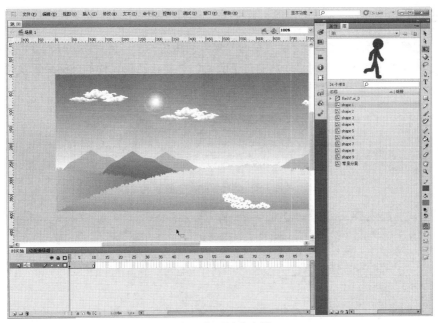

图3-2　打开跑步素材

02 单击"插入图层"按钮，新建一个图层，并将该图层命名为"跑步"，如图3-3所示。

图3-3　新建图层

03 选择"窗口">"库"命令，或按Ctrl+L组合键打开"库"面板，如果"库"面板已经打开则忽略此步，如图3-4所示。

图3-4　打开"库"面板

制作逐帧动画⑤

04 选择"跑步"图层,如图3-5所示。单击"库"面板中的图形元件shape1,并将其拖动到场景中,选择"工具箱"中的"任意变形工具",调整该图形元件的倾斜角度及位置,如图3-6所示。

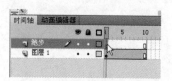

图3-5 选择"跑步"图层

图3-6 拖动图形元件

05 选中"跑步"图层的第2帧,如图3-7所示,按F7键插入空白关键帧,如图3-8所示。

图3-7 选中"跑步"图层的第2帧

图3-8 插入空白关键帧

06 单击"绘图纸⑤外观" 🔲 按钮,如图3-9所示,这样能够看到前面第1帧处"元件"的摆放位置,方便下一帧元件位置摆放时作参照,如图3-10所示。

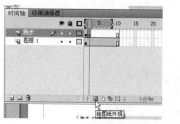

图3-9 单击"绘图纸外观"按钮

第1帧处元件的位置

图3-10 "元件"摆放的位置

07 从"库"中将图形元件shape2拖动到场景中,摆放到元件shape1的小人前面,使用"任意变形工具"调整位置及倾斜角度，如图3-11所示。

图3-11　图形元件shape2的位置摆放

08 按照上述方法分别在"跑步"图层的第3、4、5、6、7、8、9帧处插入空白关键帧，并拖动"库"中的图形元件shape3、shape4、shape5、shape6、shape7、shape8、shape9到相应的空白关键帧上，各图形元件的摆放位置如图3-12所示。

图3-12　"图形元件"的摆放位置

09 按Ctrl+Enter组合键测试动画。

知识点拓展

❶ 帧的简介

Flash动画的播放原理就像电影的放映一样，只不过电影的放映是通过底片的连续播放来实现的，而Flash动画的播放是通过帧的连续播放来完成的。帧是Flash动画中最基本的组成单位，每一个动画都由不同的帧组合而成。

❷ 帧的作用

帧类似于电影的底片，它存储了动画中所有的元素，可以把动画中最短时间内出现的画面看作是帧。在Flash动画中，帧不仅可以存储动画画面，而且还可以为特定的帧添加语句，从而实现比较复杂的动画效果。

❸ 帧的类型

在Flash CS5中，根据帧不同的显示状态可以将帧分为"普通帧"、"空白关键帧"和"关键帧"3种，不同的帧意义各不相同。

（1）普通帧（快捷键F5）

"普通帧"是不起关键作用的帧，它在时间轴中以灰色色块表示，"关键帧"之间的灰色帧都是"普通帧"。"普通帧"主要用于将前面一帧的内容延续到插入"普通帧"的位置，例如，背景层中经常使用插入"普通帧"的方式延续背景显示。

（2）空白关键帧（快捷键F7）

"空白关键帧"就是"关键帧"中没有任何对象，但是它却具有帧的所有属性。它在时间轴中以空心的小圆表示。

（3）关键帧（快捷键F6）

"关键帧"主要用于定义动画中对象的主要变化，它与"普通帧"的区别在于它不但将前面一帧的内容延续过来而且还把内容复制到当前帧上，它在时间轴中以实心的小圆表示，动画中需要显示的对象都必须添加到"关键帧"中。根据创建动画的不同，"关键帧"在时间轴中的显示效果不相同。

在不同的帧中，"关键帧"的状态各不相同，各种帧状态的含义介绍如下。

① 灰色背景

如果是灰色背景，则表示在"关键帧"后面添加了"普通帧"，延长了"关键帧"的显示时间，如图3-13所示。

② 浅紫色背景的黑色箭头和粉绿色的背景

如果是浅紫色背景的黑色箭头表示为"关键帧"创建了传统补间，如果背景是粉绿色则是创建了补间动画，如图3-14所示。

③ 浅绿色背景的黑色箭头

如果是浅绿色背景的黑色箭头表示为"关键帧"创建了形状补间，如图3-15所示。

④ 虚线

关键帧是虚线则表示创建动画不成功，"关键帧"中的对象有误或图形格式不正确，如图3-16所示。

图3-13 添加了"普通帧"

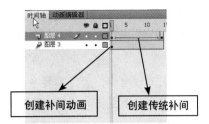

图3-14 创建传统补间和补间动画

图3-15 创建形状补间

图3-16 创建动画失败

⑤ 关键帧上有a符号

关键帧上有a符号表示为"关键帧"添加了特定的语句，如图3-17所示。

⑥ 关键帧上有"小红旗"图标

关键帧上有"小红旗"图标表示在该"关键帧"上设定了标签或注释，如图3-18所示。

图3-17 为"关键帧"添加特定的语句

图3-18 在"关键帧"上设定了标签或注释

❹ 帧的操作

在Flash CS5中，帧的编辑是一个非常重要的环节，通过对帧的灵活操作可以为制作动画节省更多的时间，而且有一些特定效果也可以使用编辑帧的方法来完成。

（1）选择帧

在编辑帧之前，必须先选择需要编辑的帧。在Flash CS5中，选择帧主要有以下3种方法。

● 将鼠标指针移动到时间轴中要选择的帧的上方，单击即可选择该帧，如图3-19所示。

● 选择一个帧后，按住Ctrl键的同时单击要选择的帧即可选择不连续的多个帧，如图3-20所示。

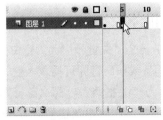

图3-19 选择帧

图3-20 选择不连续的多个帧

- 选择第一帧后，按住Shift键的同时可以选择连续帧的最后帧，即可选择两帧之间的所有帧，如图3-21所示。

（2）插入帧

在编辑动画的过程中，经常需要在已有帧的基础上插入新的帧，根据帧类型的不同插入帧的方法也有所不同。下面将分别讲述不同帧的插入方法。

① 插入普通帧

在Flash CS5中插入"普通帧"的方法主要有以下3种。

- 将鼠标指针定位到需要插入"普通帧"的位置，选择"插入">"时间轴">"帧"命令，即可在该位置插入"普通帧"，如图3-22所示。

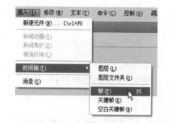

图3-21　选择连续的帧　　　　　　图3-22　通过菜单命令插入"普通帧"

- 将鼠标指针定位到需要插入"普通帧"的位置，右击鼠标，在弹出的快捷菜单中选择"插入帧"命令，即可在该位置插入"普通帧"，如图3-23所示。

图3-23　通过快捷菜单插入"普通帧"

- 将鼠标指针定位到需要插入"普通帧"的位置，按F5键即可在该位置处创建"普通帧"。

② 插入关键帧

在Flash CS5中，插入"关键帧"的方法主要有以下3种。

- 将鼠标指针定位到需要插入"关键帧"的位置，选择"插入">"时间轴">"关键帧"命令，即可插入"关键帧"。
- 选择需要创建"关键帧"的帧，右击鼠标，在弹出的快捷菜单中选择"插入关键帧"命令即可。
- 按F6键即可在选择的帧上创建"关键帧"。

③ 插入空白关键帧

在Flash CS5中插入"空白关键帧"的方法主要有以下3种。

- 当需要插入"空白关键帧"时，如果插入帧的前一个"关键帧"为"空白关键帧"，那么直接选择"插入">"时间轴">"空白关键帧"或按F7键即可插入"空白关键帧"。
- 当插入帧时，如果插入帧的前一个"关键帧"为"关键帧"，那么选择需要插入"空白关键帧"的位置，然后选择"插入">"时间轴">"空白关键帧"命令即可。

- 将鼠标定位在需要插入"空白关键帧"的上方，按F7键即可在选择的帧上创建"空白关键帧"。

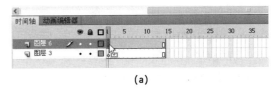

(a)

④ 移动帧

在制作Flash动画的过程中，需要经常移动帧的位置。在Flash CS5中，移动帧的方法主要有以下两种。

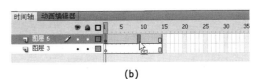

(b)

图3-24　移动帧的方法一

- 选择需要移动的帧，将其拖动到需要放置的位置即可，如图3-24所示。

- 选择需要移动的帧上右击鼠标，在弹出的快捷菜单中选择"剪切帧"命令，然后将鼠标移动到需要的位置，利用相同的方法打开快捷菜单，选择"粘贴帧"命令，即可完成帧的移动，如图3-25所示。

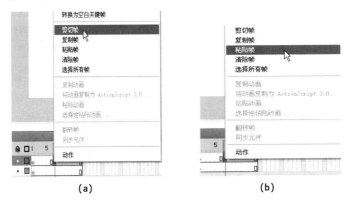

(a)　　　　　　　　　　　(b)

图3-25　移动帧的方法二

⑤ 复制帧和粘贴帧

编辑制作动画时，通过"复制帧"和"粘贴帧"命令不仅可以轻松地完成重复的动作，而且还可以比重复制作该动作更精确。复制和粘贴命令的使用方法是：选中需要复制的帧，右击鼠标，在弹出的快捷菜单中选择"复制帧"命令，如图3-26所示。然后将鼠标指针移动到需要粘贴帧的位置，右击鼠标，在弹出的快捷菜单中选择"粘贴帧"命令，即可粘贴复制的帧，如图3-27所示。

图3-26　"复制帧"操作　　　　　　图3-27　"粘贴帧"操作

⑥ 删除帧

在创建动画的过程中，如果发现文档中的某几帧是错误且无意义的，那么用户可将其删除。删除帧的方法是：选择需要删除的帧，右击鼠标，在弹出的快捷菜单中选择"删除帧"命令，即可删除选中的帧，如图3-28所示。

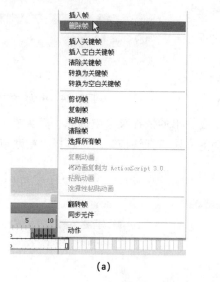

(a)   (b)

图3-28　删除选中的帧

⑦ 清除帧

清除帧就是删除"关键帧"中的内容。在Flash CS5中清除帧的方法是：选择要清除的帧，右击鼠标，在弹出的快捷菜单中选择"清除帧"命令。执行"清除帧"命令之后，"关键帧"将变为"空白关键帧"，如图3-29所示。

(a)

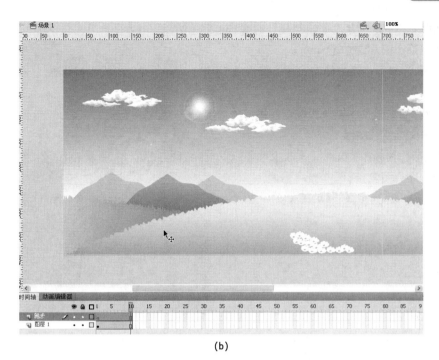

(b)

图3-29　"清除帧"操作

❺ **逐帧动画**

　　"逐帧动画"是一种常见的动画制作方式，它的原理是在"连续的关键帧"中分解动画动作，也就是每一帧中的内容不同，当影格快速移动的时候，利用人的视觉的残留现象，形成流畅的动画效果。

　　由于"逐帧动画"的帧序列内容不一样，不仅增加制作负担，而且最终输出的文件量很大，但它的优势也很明显，因为它与电影的播放模式相似，很适合于表演很细腻的动画，如3D效果、人物或动物急剧转身等效果。"逐帧动画"在"时间帧"中表现为连续出现的"关键帧"，如图3-30所示。

图3-30　逐帧动画

在Flash CS5中，创建"逐帧动画"的方法主要包括以下4种。

● 利用静态图片建立逐帧动画

利用jpg、png等格式的静态图片连续导入Flash中，就会建立一段逐帧动画。

● 绘制矢量逐帧动画

利用鼠标在场景中一帧一帧地绘制出帧的内容。

● 制作文字逐帧动画

利用文字作为帧中的元件，实现文字跳跃、旋转等特效。

● 导入序列图像

可以导入gif序列图像、swf动画文件或利用第三方软件（如Swish、Swift 3D等）产生动画序列。

❻ 绘图纸功能

（1）绘图纸功能介绍

在动画制作过程中，需要绘制出连续的图形，为了表现动作的连贯性，作画时需要对照前后图形才能操作。因此，以往的Cell Animation制作者们就利用灯箱（Light Box）来达到目的，因为仅仅靠叠放纸张是达不到要求的，必须借用灯光才能够达到要求。在Flash中，也有相同功能的工具，那就是"绘图纸"按钮。

"绘图纸"是一个帮助定位和编辑动画的辅助功能，这个功能对于制作"逐帧动画"有重要作用。通常情况下，Flash在舞台中一次只能显示动画序列的单个帧。使用"绘图纸"功能后，就可以在舞台中一次查看两个或多个帧了。

如图3-31所示，这是使用"绘图纸"功能后的场景，可以看出，当前帧中的内容用全彩色显示，其他帧的内容以半透明显示，它使所有帧内容看起来好像是绘制在一张半透明的绘图纸上，这些内容相互层叠在一起，但此时只能编辑当前帧的内容。

图3-31　同时显示多帧内容

（2）绘图纸各个按钮的介绍

① "绘图纸外观"按钮

单击"绘图纸外观"按钮后，在时间轴的上方，出现绘图纸外观标记，拖动外观标记的两端，可以扩大或缩小显示范围。它的作用是以当前帧为基准，透明地映射出"开始标记"和"终止标记"之间的区域。 这时只能选择和修改"播放头"指定的当前帧，而被映射的部分不能进行选择和修改操作，如图3-32所示。

② "绘图纸外观轮廓"按钮

单击"绘图纸外观轮廓"按钮后，场景中显示各帧内容的轮廓线，填充色消失，特别适合观察对象的轮廓，还可以节省系统资源，加快显示过程，它与"绘图纸外观"按钮的作用基本相似，如图3-33所示。

图3-32　使用"绘图纸外观"按钮的效果

图3-33　使用"绘图纸外观轮廓"按钮效果

③ "编辑多个帧"按钮

单击"编辑多个帧"按钮后，可以显示全部帧的内容，并且可以多帧同时编辑，如图3-34所示。

图3-34　进行多帧同时编辑

④ "修改绘图纸标记" 按钮

单击"修改绘图纸标记"按钮后，弹出菜单，菜单中包含的选项如图3-35所示。

图3-35 修改绘图纸标记的菜单

- "始终显示标记" 选项

选中该选项，在时间轴标题中将显示"绘图纸外观标记"，无论绘图纸外观是否打开。

- "锚记绘图纸" 选项

选中该选项，"绘图纸外观标记"将锁定它们在时间轴标题中的当前位置。通常情况下，"绘图纸外观"范围是和当前帧的指针以及"绘图纸外观标记"相关的，通过锚定"绘图纸外观标记"，可以防止它们随当前帧的指针移动。

- "绘图纸 2" 选项

选中该选项，则会在当前帧的两边显示两个帧。

- "绘图纸 5" 选项

选中该选项，则会在当前帧的两边显示五个帧。

- "所有绘图纸" 选项

选中该选项，则会在当前帧的两边显示全部帧。

独立实践任务

任务 2 运用逐帧动画的制作方法完成水波文字效果的制作

任务背景	任务要求
制作一个与"水"有关的Flash动画，要求片头文字要做水波特效。	文字效果顺畅、自然。

【技术要领】两层，下层写字并锁定，上层依据下层逐帧手动描红；利用绘图功能。

【解决问题】水波效果。

【素材来源】素材\模块03\水波.fla。

任务分析

_____

_____

_____

主要制作步骤

_____

_____

_____

_____

_____

职业技能知识点考核

1．单项选择题

时间轴的基本元素是（　　）。

A. 时间线　　　　　　B. 图像　　　　　C. 手柄　　　　　D. 帧

2．多项选择题

（1）Flash中的帧主要有（　　）和（　　）两种类型。

A. 关键帧　　　　　　B. 空白帧　　　　　C. 普通帧　　　　　D. 连续帧

（2）在Flash中，能够创建的元件类型主要有（　　）、（　　）和（　　）。

A. 图形　　　　　　　B. 按钮　　　　　　C. 动画　　　　　　D. 影片剪辑

3．判断题

（1）如果要让Flash同时对若干个对象产生渐变动画，则必须将这些对象放置在不同的层中。（　　）

（2）在Flash CS5中，插入空白关键帧的作用是为了让该帧空白，再也不能往该帧所在时间轴添加内容。（　　）

Adobe Flash CS5

模块 04

制作传统补间动画

　　学习使用形状补间和动作补间两种动画制作技术制作动画，了解传统补间动画[3]的相关专业知识。

能力目标

1. 能够制作简单的动作补间动画
2. 能够制作简单的形状补间动画

学时分配

6 课时（讲课 4 课时，实践 2 课时）

知识目标

1. 理解时间轴[1]的概念
2. 理解补间的原理

模拟制作任务

任务 1　制作弹力球运动效果动画

任务背景

某中学物理老师要在课堂上讲解"惯性"和"阻力"两个概念，为了增加授课的生动性和形象性，该老师求助设计师小马，希望小马能用Flash动画的形式表现出一个弹力球从高空下落触地然后弹起的运动过程，如图4-1所示。

图4-1　弹力球运动效果

任务要求

小球的弹跳动作要符合现实里弹跳中的小球的运动规律，力求逼真。

重点、难点

弹力球的加速下落和减速弹起。

【技术要领】椭圆工具；放射状渐变填充；改变形状；设置缓动；改变Alpha。

【解决问题】动作补间动画的制作。

【素材来源】素材\模块04\动作补间动画.fla。

任务分析

一个弹力球从空中落下又被弹起，落下的时候由于惯性，表现的是加速运动，弹起的时候由于空气阻力，表现的是减速运动。因此，制作这个动画时要注意表现好以上这两点。

操作步骤

创建文件

01 选择"文件">"新建"命令，新建一个文档，按Ctrl+J组合键，修改背景为"蓝色"（#006699），默认其他设置，如图4-2所示。

02 单击"插入图层"按钮，新建一个图层，并重命名为"小球"，将下面的图层命名为"影子"，如图4-3所示。

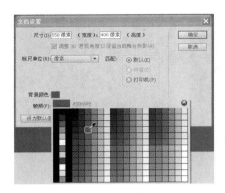

图4-2 修改背景色

图4-3 新建图层并命名

绘制弹力球

03 选中"小球"图层的第1帧，选择"工具箱"中的"椭圆工具"，设置"笔触颜色"为"无"，"填充颜色"为"径向渐变"，如图4-4所示。

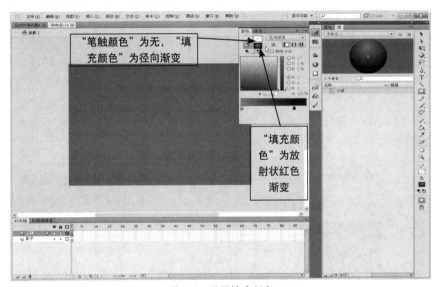

图4-4 设置填充颜色

04 按住Shift键，在场景中拖动鼠标绘制一个正圆，如图4-5所示。

05 将"颜色"面板中的渐变条右边的滑块向左边拖动一定距离，如图4-6所示。

图4-5 绘制一个正圆

图4-6 拖动渐变滑块

06 选择"工具箱"中的"颜料桶"工具，在圆球上面的位置单击进行填充，改变高光位置，如图4-7所示。

07 然后使用"选择工具"全选小圆球，如图4-8所示。

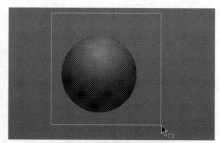

图4-7　改变高光位置　　　　　　图4-8　全选小圆球

制作图形元件

08 按F8键，将小圆球转换为一个图形元件，"转换为元件"对话框设置如图4-9所示，单击"确定"按钮。

09 在"小球"图层的第2、7、16、25、30帧上按F6键插入关键帧，如图4-10所示。

图4-9　"转换为元件"对话框　　　　　　　　　　图4-10　插入关键帧

10 选中第1帧处的小球，选择"工具箱"中的"任意变形工具"调整小球的形状大小❺和位置，如图4-11所示。

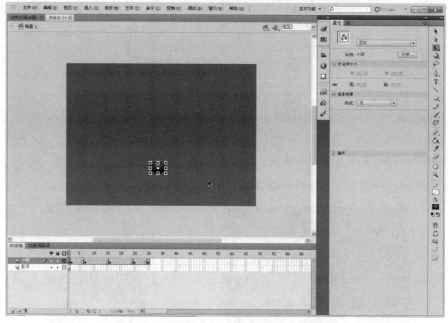

图4-11　调整第1帧处小球的形状大小和位置

11 下面调整第2帧处小球的位置和形状，如图4-12所示。

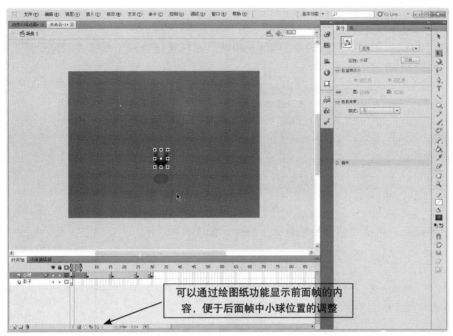

可以通过绘图纸功能显示前面帧的内容，便于后面帧中小球位置的调整

图4-12　调整第2帧处小球的形状和位置

12 调整第7帧处小球的位置和形状，如图4-13所示。

13 调整第16帧处小球的位置和形状，如图4-14所示。

14 调整第25帧处小球的位置和形状，如图4-15所示。

15 调整第30帧处小球的位置和形状，如图4-16所示。

图4-13　调整第7帧处小球的位置和形状

图4-14　调整第16帧处小球的位置和形状

图4-15　调整第25帧处小球的位置和形状

图4-16　调整第30帧处小球的位置和形状

制作传统补间动画

16 然后在"小球"图层的时间轴中的第1～30帧之间任意帧处双击鼠标左键全选所有帧（1～30），如图4-17所示。

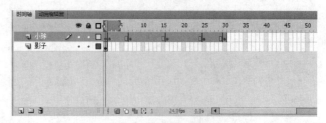

图4-17　全选所有帧

17 然后右击鼠标，选择"创建传统补间"命令，如图4-18所示。

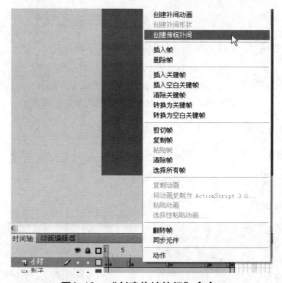

图4-18　"创建传统补间"命令

18 此时，在时间轴1～30帧中，每两个"关键帧"之间都被一条实心黑色箭头连接起来，如图4-19所示。

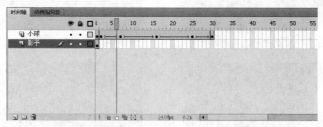

图4-19　每两个"关键帧"之间的实心黑色箭头

这表示在这些帧之间已经成功生成"传统补间动画"，可以按Enter键查看小球运动的情况。这时会发现，小球在上下运动的过程中除了形状发生变化外，它只是在做匀速运动，这个运动很不真实。

19 在"小球"图层的第2帧和第7帧之间单击鼠标选中任意一帧，如图4-20所示。

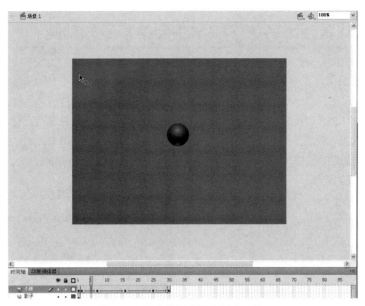

图4-20 规定范围内选中任意一帧

20 然后在右侧"属性"面板中将"缓动"❷值设为"50"，如图4-21所示。

21 利用同样的方法将第7~16帧、第16~25帧、第25~30帧之间的"缓动"值分别设为"100、-100、-51"。

22 按Ctrl+S组合键保存文件，设置文件名称为"传统补间动画"，如图4-22所示。

图4-21 设置"缓动"值

图4-22 保存文件

23 按Ctrl+Enter组合键测试影片。

任务 2 制作首师大科德学院学生会纳新通知动画

任务背景

首师大科德学院学生会每年9月份都会针对新生进行纳新，补充队伍新鲜血液，现要制作一个简单的Flash动画放到学院网站首页上进行纳新宣传，如图4-23所示。

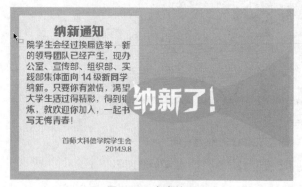

图4-23 完成效果

任务要求

动画效果要有视觉冲击力，能够引起网页浏览者的注意，并且一目了然，色彩清新活泼。

重点、难点

矩形的形状调整。

【技术要领】矩形工具、椭圆工具、任意变形工具、颜色填充。

【解决问题】形状补间动画的制作。

【素材来源】素材\模块04\形状补间.fla。

任务分析

大学生团体是一个充满青春活力的年轻人的组织，因此色彩选择上可以使用绿色调，为了增加网页浏览者的阅读兴趣，版式上要尽量简洁明了，标题要醒目，可以使用"对比"的手法突出标题。

操作步骤

创建文档

01 选择"文件">"新建"命令，新建一个文档，按Ctrl+J组合键打开"文档设置"对话框，在标题文本框中输入文字"纳新"，修改文档尺寸为550像素×350像素（宽×高），帧频为24，默认其他设置，如图4-24所示。

02 选择"工具箱"中的"矩形工具"，设置"填充颜色"为"绿色"（#99CC00），"笔触颜色"为"无"，按住Shift键在场景中绘制一个正方形，如图4-25所示。

图4-24　设置文档属性

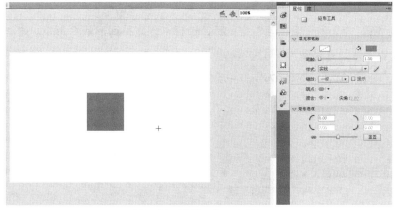

图4-25　绘制一个正方形1

03 选择"图层1"的第7帧，按F6键插入关键帧，选择"工具箱"中的"任意变形工具"，选中场景中的矩形，拖动矩形四周的句柄调整其大小，如图4-26所示。

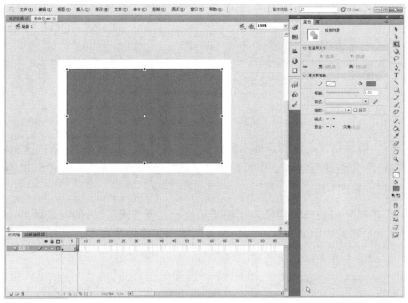

图4-26　调整矩形大小1

04 选择"图层1"的第14帧，按F6键插入关键帧。

05 选中"图层1"的第7帧，选择"工具箱"中的"选择工具"，将鼠标指针放置到矩形的四条边上（场景中的矩形一定要处于非选中状态），待鼠标指针变成┓后，拖动鼠标调整四条边的形状，如图4-27所示。

06 调整完成后效果如图4-28所示。

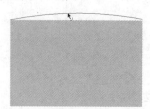 

图4-27 调整矩形四条边的形状   图4-28 调整后效果

07 选择第1帧和第7帧之间任意一帧右击鼠标，选择"创建补间形状"命令，如图4-29所示。

08 利用同样的方法，选择第7帧和第14帧之间任意一帧右击鼠标，选择"创建补间形状"命令，完成"补间形状"动画，如图4-30所示。

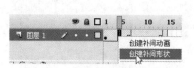 

图4-29 "创建补间形状"命令1   图4-30 创建"补间形状"动画

09 在"图层1"的"锁定图层"按钮位置单击锁定"图层1"，单击"插入图层"按钮，在"图层1"上方新建"图层2"，如图4-31所示。

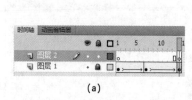 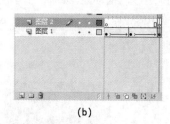

（a）   （b）

图4-31 锁定"图层1"和插入"图层2"

10 选中"图层2"的第14帧，按F7键插入空白关键帧。选择"工具箱"中的"矩形工具"，设置"填充颜色"为浅绿色（#CCFF00），"笔触颜色"为"无"，按住Shift键在场景中绘制一个正方形，如图4-32所示。

11 在"图层1"的第50帧处按F5键插入帧使其延长。选择"图层2"的第17帧，按F6键插入关键帧，利用"工具箱"中的"任意变形工具"选中场景中的矩形，拖动矩形四周的句柄调整其大小，如图4-33所示。

 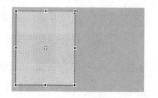

图4-32 绘制一个正方形2   图4-33 调整矩形大小2

12 选择"图层2"的第21帧，按F6键插入关键帧。

13 选择"图层2"的第17帧，选择"工具箱"中的"选择工具"，将鼠标指针放置到矩形的两个角上（场景中的矩形一定要处于非选中状态），待鼠标变成后，单击并拖动鼠标调整矩形的形状，如图4-34所示。

14 选择"图层2"的第14帧和第17帧之间的任意一帧右击，选择"创建补间形状"命令；选择"图层2"的第17帧和第21帧之间任意一帧右击，选择"创建补间形状"命令，效果如图4-35所示。

图4-34　调整矩形的形状1

图4-35　"创建补间形状"命令2

15 选择"图层2"，单击"插入图层"按钮，新建"图层3"，选择"图层3"中的第21帧，按F7键插入空白关键帧，选择"工具箱"中的"文本工具"，在场景中输入一段文字，如图4-23所示，设置正文字体为"方正正中黑简体"、字号为"15"、颜色为"灰色（#666666）"，设置"纳新通知"字体为"方正正大黑简体"、字号为"22"、颜色为"灰色（#666666）"，设置"首师大科德学院学生会 2014.9.8"字体为"方正正中黑简体"、字号为"12"、颜色为"灰色（#666666）"，如图4-36所示。

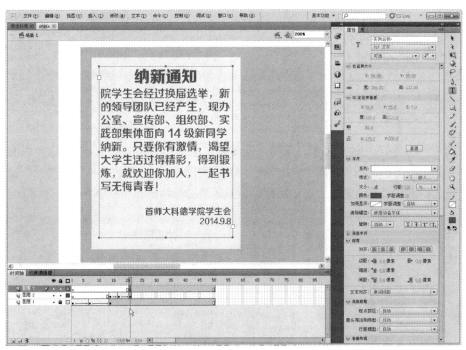

图4-36　输入文字

16 选择"图层3"，单击"插入图层"按钮，新建"图层4"，选择"图层4"的第21帧，按F7键插入空白关键帧，选择"工具箱"中的"矩形工具"，设置"填充颜色"为粉绿色

（#00CC99），"笔触颜色"为"无"，拖动鼠标在场景中绘制一个长方形，如图4-37所示。

图4-37 绘制长方形

17 选择"图层4"的第35帧，按F6键插入关键帧，这时发现场景中"图层2"上的图形不见了，如图4-38所示。

18 选中"图层2"上的第50帧，按F5键插入帧，使这个图层中的图形显示出来，以便于后面几个图层的操作对照，如图4-39所示。

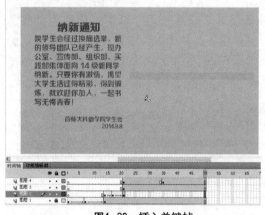

图4-38 插入关键帧

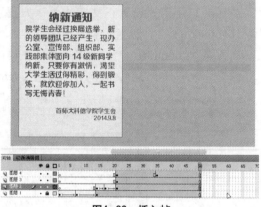

图4-39 插入帧

19 再次选中"图层4"中的第35帧，选择"工具箱"中的"任意变形工具"，选择场景中的长方形，这时长方形的四周出现了8个句柄。将光标移动到右上角的句柄上，待光标变成 形后，按住Ctrl+Shift组合键向上拖动鼠标，调整矩形的形状，如图4-40所示。

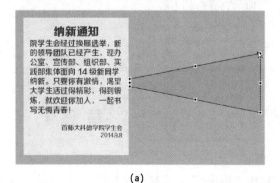

（a）

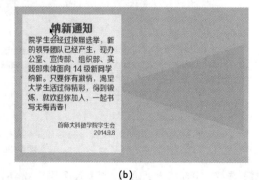

（b）

图4-40 调整矩形的形状2

20 选择"工具箱"中的"选择工具"，将鼠标指针放到梯形的上下两条边上（场景中的梯形一定要处于非选中状态），待鼠标变成 ▶ 后，拖动鼠标调整两条边的弧度，如图4-41所示。

图4-41　调整弧度

21 选择"图层4"中的第21帧到第35帧之间的任意一帧右击鼠标，选择"创建补间形状"命令创建补间动画。

22 选择"图层4"，单击"插入图层"按钮，在"图层4"的上方新建一个图层"图层5"，选择"图层5"的第35帧，按F7键插入空白关键帧，选择"工具箱"中的"椭圆工具"，设置"填充颜色"为"橘黄色"（#FF9900），"笔触颜色"为"无"，拖动鼠标在场景中绘制一个椭圆形，如图4-42所示。

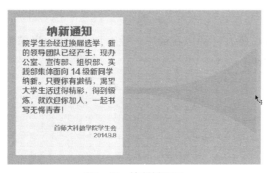

图4-42　绘制椭圆形

23 选择"图层5"的第45帧，按F6键插入关键帧，选择"工具箱"中的"任意变形工具"，选中场景中的椭圆形，调整其大小，如图4-43所示。

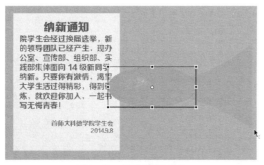

图4-43　调整椭圆大小

24 选择"图层5"的第35帧到第45帧之间的任意一帧右击，在弹出的菜单中选择"创建补间形状"命令，创建补间形状。

25 选中"图层5"，单击"插入图层"按钮，在"图层5"的上方新建一个"图层6"，选择"图层6"的第45帧，按F7键插入一个空白关键帧，选择"工具箱"中的"文本工具"，并选择合适的字体，输入"纳新了！"3个字。

> **注意**
>
> 为了提升其艺术感染力，还可以通过打散文字（快捷键为Ctrl+B）后使用"工具箱"中的"选择工具"调整文本的边缘，如图4-44所示。 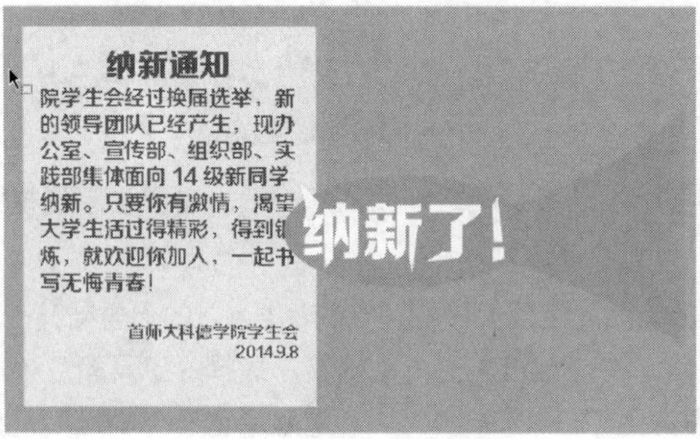
>
>
> 图4-44　调整文本的边缘

26 按Ctrl+Enter组合键测试影片（可以在最后一帧上加入Action语句stop，Action语句的相关知识参照模块08中的讲解）。

知识点拓展

❶ 时间轴

Flash是制作动画的工具，动画是随着时间的推移改变画面的过程，如果时间定格了，画面也就不动了，从而就无法构成动画，因此"时间"对于动画来说是非常重要的因素。动画是把静态的图形随着时间的移动而连续地显示出来，不同时间段、不同画面就利用"时间轴"来实现，"时间轴"可以把利用"绘图工具"绘制的图形转化为动态影像。时间轴的结构如图4-45所示。

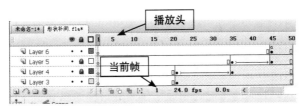

图4-45 时间轴

❷ 缓动

（1）设置缓动属性

缓动是用于修改Flash计算补间中属性关键帧之间的属性值的一种技术。如果不使用缓动，Flash在计算这些数值时，会使数值的更改在每一帧上都一样。如果使用缓动，则可以分别调整，从而实现更自然、更复杂的动画效果。

缓动是应用于补间属性值的数学曲线，补间的最终效果是补间和缓动曲线中属性值范围组合的结果。

例如，在制作小球下落的动画时，小球越靠近地面，其下落速度越快，而弹起时速度会越来越慢。如果不设置缓动，小球在整体运动过程中将是匀速运动，体现不出真实的运动状态。

在拖动"缓动"的热文本时可设置缓动效果。如果是负值，就是输入缓动；如果是正值，就是输出缓动，如图4-46所示。

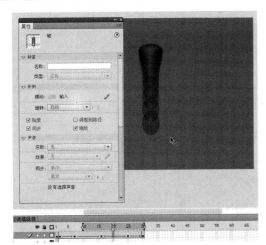 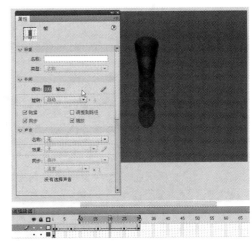

图4-46 设置缓动

（2）自定义缓入/缓出

在补间的"属性"面板中单击"编辑缓动"按钮，打开"自定义缓入/缓出"对话框，该对话框中显示了一个表示运动程度随时间而变化的坐标图。水平轴表示帧，垂直轴表示变化的百分比。第一个关键帧表示为0%，最后一个关键帧表示为100%，图形曲线的斜率表示对象的变化速率。曲线水平时，变化速率为零；曲线垂直时，变化速率最大，即完成变化，如图4-47所示。

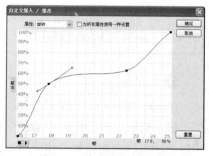

图4-47　自定义缓入/缓出

❸ 传统补间动画

补间是一种在关键帧之间自动制作补间动画效果的功能。传统补间动画与补间动画类似，但在某种程度上其创建过程更为复杂，也不那么灵活。

在Flash中，传统补间动画可分为动作补间和形状补间两种动画形式。

（1）动作补间动画

动作补间动画是制作Flash动画过程中经常使用的一种动画类型。运用动作补间动画可以设置元件的"大小"、"位置"、"颜色"、"透明度"和"旋转"等属性。在Flash动画制作的过程中，经常需要制作图片的"淡入淡出"、"移动"、"缩放"、"旋转"等效果，这些主要通过动作补间来实现。动作补间动画的渐变过程非常连贯，制作起来也比较简单，只需要设置动画的第一帧和最后一帧即可。

构成动作补间动画的元素是元件，包括"图形元件"、"影片剪辑元件"和"按钮元件"。除此之外，其他的元素（包括文本）都不能用来创建动作补间动画。

位移动画就是移动对象位置的补间动画，基本上是直线移动，这是最基本的动画，在角色移动或运用摄影技巧时经常使用。

下面来制作一个简单的位移动画。

① 按Ctrl+O组合键，打开文件"素材\模块04\位移动画.fla"，如图4-48所示。

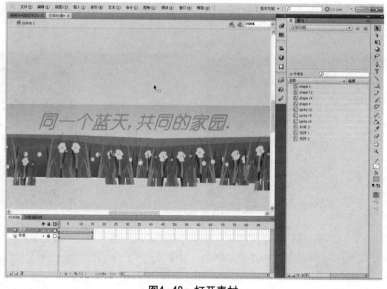

图4-48　打开素材

② 选择"选择工具",选中文字块"同一个蓝天,共同的家园。",按F8键将其转换为图形元件,将其拖动到场景左侧位置,如图4-49、图4-50所示。

图4-49 "转换为元件"对话框

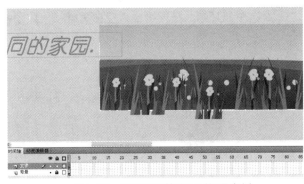

图4-50 将图形元件放置到场景左侧

③ 选中"文字"图层的第15帧,按F6键插入关键帧,并选中"背景"图层的第15帧,按F5键插入帧,如图4-51所示。

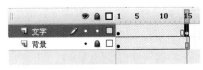

图4-51 插入帧

④ 确保"文字"层的第15帧处于选中状态,按住Shift键,使用"移动工具"将文字块平移到场景中间位置,如图4-52所示。

图4-52 将文字移动到场景中

⑤ 在"文字"层的第1帧和第15帧之间右击,选择"创建传统补间"命令来实现补间,如图4-53、图4-54所示。

图4-53 "创建传统补间"命令

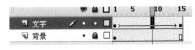

图4-54 时间轴

⑥ 选择"控制">"测试影片"命令,或按Ctrl+Enter组合键测试影片。

(2)形状补间动画

形状补间动画是将对象从一个形状变成另外一个形状,也可以补间形状的"大小"、"颜色"和"透明度"。形状补间动画只对场景中绘制的形状起作用,而无法对元件实例、位图、文本或组合的对象进行形状补间。如果要对这些对象进行形状补间,则必须先选择"修改">"分离"命令将其打散。

下面来制作一个简单的形状补间动画。

① 选择"文件">"新建"（快捷键为Ctrl+N）命令，新建一个文档。

② 选择"工具箱"中的"椭圆工具"，在场景中绘制一个椭圆，设置"填充颜色"为"蓝色"（#0066FF），"笔触颜色"为"无"，如图4-55所示。

③ 选中第15帧，按F7键插入空白关键帧，如图4-56所示。

图4-55　绘制椭圆　　　　　　　　　　　　　图4-56　插入空白关键帧

④ 选择"工具箱"中的"矩形工具"，在场景中绘制一个矩形，设置"填充颜色"为"黄色"（#FFCC00），"笔触颜色"为"无"，如图4-57所示。

⑤ 在第1帧和第15帧之间任意一帧处右击，选择"创建补间形状"命令，完成"补间形状"动画，如图4-58所示。

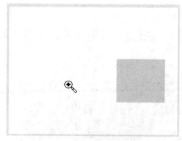

图4-57　绘制一个矩形　　　　　　　　　　　图4-58　创建"补间形状"动画

⑥ 单击"绘图纸外观"按钮，拖动"播放头"则可以查看从一个椭圆变形为一个矩形的补间形状动画的效果，如图4-59所示。

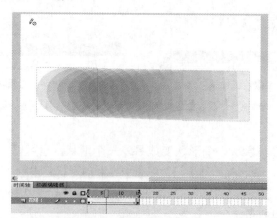

图4-59　补间形状的动画效果

⑦ 按Ctrl+Enter组合键测试影片，出现变形动画效果。

制作补间形状动画时，Flash还提供了一个"添加形状提示"功能，使用它可以更精确地控制变形的方向，如图4-60所示。

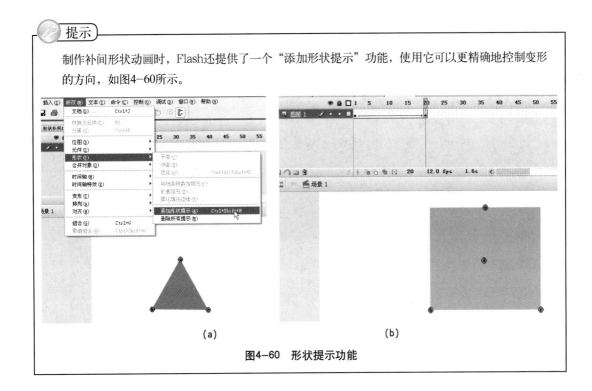

(a)   (b)

图4-60　形状提示功能

❹ 补间动画

补间动画是通过为一个帧中的对象属性指定一个值，并为另一个帧中的相同属性指定另一个值创建的动画。Flash自动计算这两个帧之间该属性的值。创建补间动画的对象类型包括影片剪辑、图形、按钮元件以及文本字段。关于补间的补间范围和属性关键帧的作用如下：

- 补间范围：是时间轴中的一组帧，其舞台上的元件实例的一个或多个属性可以随时间而改变，补间范围在时间轴中显示为具有蓝色背景的单个图层中的一组帧。可将这些补间范围作为单个对象进行选择，并从时间轴中的一个位置拖到另一个位置，或者拖到另一个图层。在每个补间范围中，只能对舞台上的一个目标对象进行动画处理。
- 属性关键帧：是在补间范围中为补间目标对象显示定义一个或多个属性值的帧。定义的每个属性都有它自己的属性关键帧。如果在单个帧中设置了多个属性，则其中每个属性的属性关键帧会驻留在该帧中，用户可以在动画编辑器中查看补间范围的每个属性及其属性关键帧。

（1）创建补间动画

补间中的一个最小构造块是一个补间范围，它只能包含一个元件实例。元件实例称为补间范围的目标实例。将第二个元件添加到补间范围将会替换补间中的原始元件，将其他元件从库中拖到时间轴中的补间范围上，也会更改补间的目标对象。

创建补间动画有三种方式：

① 在时间轴上选择一个关键帧，选择"插入">"补间动画"命令创建补间动画，如图4-61所示。

图4-61　创建补间动画方法一

② 在时间轴上选择一个关键帧，单击右键，选择"创建补间动画"命令，如图4-62所示。

图4-62　创建补间动画方法二

③ 在舞台上先选择对象，然后选择"插入" > "补间动画"命令或单击右键选择"创建补间动画"，如图4-63所示。

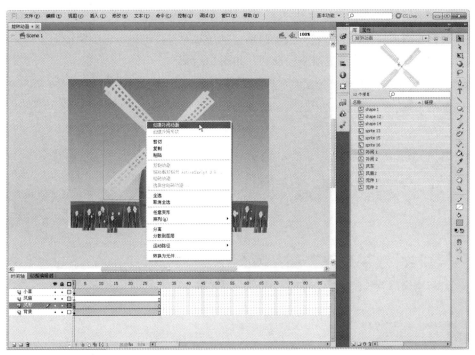

图4-63　创建补间动画方法三

（2）编辑补间动画的运动路径

编辑补间动画的运动路径是制作补间动画的常用操作，主要有以下几种。

① 更改补间对象的位置

将时间轴上的播放头拖放到要移动的目标实例所在的帧上，然后使用选择工具🗘移动目标实例的位置。例如要改变以下实例中"纸飞机"层第15帧处"纸飞机"元件实例的位置，如图4-64所示。

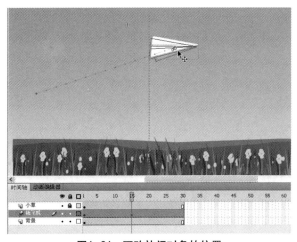

图4-64　更改补间对象的位置

② 在舞台上更改运动路径的位置

在舞台上使用选择工具🗘拖动整个运动路径，也可以在属性检查器中设置其位置，如图4-65所示。

③ 使用选择工具编辑路径的形状

使用选择工具通过拖动的方式可以编辑路径的形状，将鼠标光标移到路径上，当光标变成形状时，按住鼠标左键拖动更改路径形状，如图4-66所示。

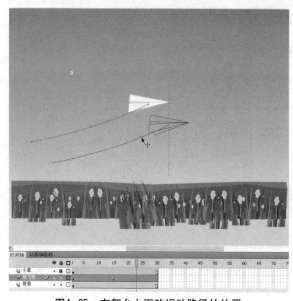

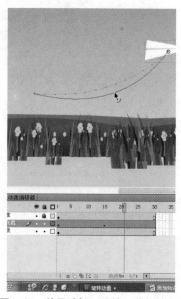

图4-65 在舞台上更改运动路径的位置　　　　图4-66 使用选择工具编辑路径的形状

④ 使用任意变形工具编辑路径

选择"工具箱"中的"任意变形工具 ▦"，单击选中运动路径（不要单击补间目标实例），可以进行缩放、倾斜或旋转操作，如图4-67所示。

⑤ 使用部分选取工具编辑路径的形状

选择"工具箱"中的"部分选取工具 ▸"，在运动路径线端点处单击添加控制手柄，然后可以通过拖动控制手柄更改曲线形状，如图4-68所示。

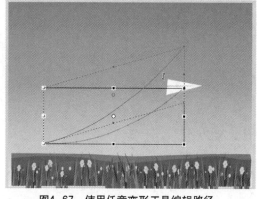

图4-67 使用任意变形工具编辑路径　　　　图4-68 使用部分选取工具编辑路径的形状

（3）使用时间轴中的补间范围

在Flash中创建动画时，通常首先在时间轴中设置补间范围。通过在图层和帧中对各个对象进行初始排列，则可以在属性检查器或动画编辑器中编辑补间属性来完成补间。

如果要在时间轴中选择补间范围和帧，可以执行下列操作之一。

- 通过单击补间范围可以选择整个补间范围，按住Alt键拖动补间范围可以复制补间范围。
- 按住Shift键单击每个范围，可以选择多个补间范围，包括非连续范围。
- 若要单选补间范围内的某个帧，可以按住Ctrl键单击该帧。
- 若要选择补间范围内的连续多个帧，可以按住Ctrl键单击并拖动鼠标完成，也可以通过此方法跨图层选择多个帧。

① 编辑相邻的补间范围

拖动两个连续补间范围之间的分割线，将重新计算每个补间；按住Alt键的同时拖动第二个补间范围的起始帧，可以分割两个连续补间范围的相邻起始帧和结束帧，如图4-69所示。

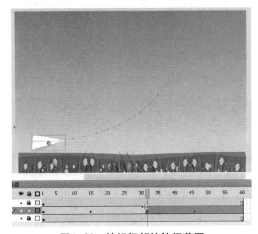

图4-69　编辑相邻的补间范围

② 将补间动画转为逐帧动画

在补间范围中单击鼠标右键，选择"转换为逐帧动画"命令，可以快速将补间动画转换为逐帧动画，如图4-70所示。

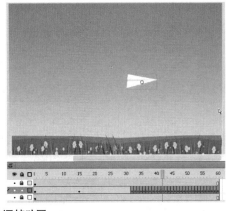

图4-70　将补间动画转为逐帧动画

③ 替换补间的目标实例

选择补间范围，然后将新元件从"库"中拖动到舞台上，弹出"替换当前补间目标"对话框，单击"确定"按钮可以直接替换当前实例，如图4-71所示。

图4-71　替换补间的目标对象

❺ 改变对象大小的动画

将舞台中的图形放大或缩小时进行补间，一般在镜头渐渐接近或远离时使用。

下面制作一个简单的改变对象大小的动画。

① 选择"文件">"打开"命令，打开文件"素材\模块04\改变大小.fla"，如图4-72所示。

图4-72　打开素材文件

② 选择"选择工具"，选中舞台上的图片，按F8键将其转换为一个图形元件，如图4-73所示。

③ 分别选中时间轴中的第30帧和第60帧，按F6键插入关键帧，如图4-74所示。

图4-73　转换为图形元件　　　　　　　　　　　　图4-74　插入关键帧

④ 选中第30帧，选择"修改">"变形">"缩放和旋转"命令（快捷键为Ctrl+Alt+S），

将对象"缩放"设置为200%，如图4-75所示。

　　⑤ 选择时间轴第1帧到第30帧之间任意一帧右击鼠标，在弹出的菜单中选择"创建传统补间"命令；选择时间轴第30帧到第60帧之间的任意一帧右击鼠标，然后选择"创建传统补间"命令，如图4-76所示。

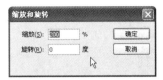

图4-75　设置图片的缩放

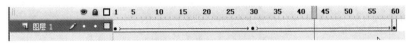

图4-76　"创建传统补间"命令

　　⑥ 按Ctrl+Enter键测试影片，类似于推拉镜头的效果出现。

❻ 旋转动画

将对象以某个轴为中心旋转时进行补间。例如，钟表指针的旋转、风车的旋转或车轮的旋转。下面来制作一个简单的旋转动画。

① 选择"文件"＞"打开"命令，打开文件"素材\模块04\旋转动画.fla"，如图4-77所示。

图4-77　打开文件

　　② 单击"风扇"图层，并选中"风扇"图层的第1帧，将图形元件"风扇2"从库中拖出并摆放到场景中，如图4-78所示。

③ 选中"风扇"层的第30帧，按F6键插入关键帧。在第1帧和第30帧之间右击鼠标，选择"创建传统补间"命令，如图4-79所示。

④ 单击第1帧和第30帧之间的任意一帧，在"属性"面板中的"旋转"下拉列表框中设置旋转方式为"顺时针"，旋转次数为1，选中"同步"复选框，如图4-80所示。选中"同步"复选框，可使动画在场景中首尾连续地循环播放。

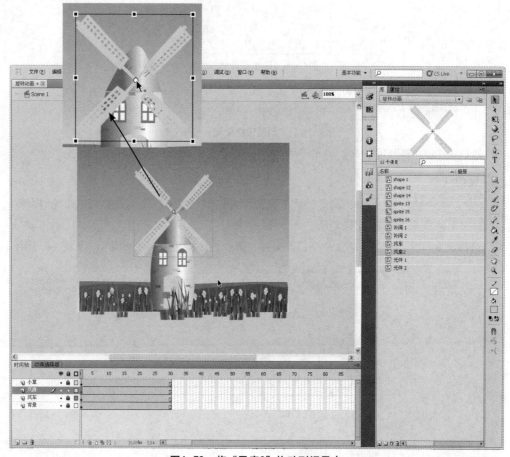

图4-78 将"风扇2"拖动到场景中

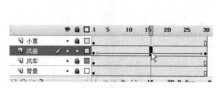

图4-79 "创建传统补间"命令

图4-80 设置"顺时针"旋转

⑤ 按Ctrl+Enter组合键测试影片，风车旋转的效果出现。

独立实践任务

任务 3 运用补间动画制作方法完成运动中小球影子效果的制作

任务背景

在前面的实例中我们完成了小球的自由落体运动动画制作，为了使小球的运动效果更佳，更逼真，请为它添加一个投影。

任务要求

在小球弹跳过程中，小球影子要随着小球的运动发生符合规律的变化，颜色要逼真，虚实有变化。

【技术要领】 "影子"层新建元件；"属性"面板的"颜色1Alpha"；缓动值。

【解决问题】 物体自由落体中的影子变化。

【素材来源】 素材\模块04\动作补间动画.fla。

任务分析

_____

_____

_____

主要制作步骤

_____

_____

_____

_____

职业技能知识点考核

1. 单项选择题

（1）按（　）组合键可以将文本打开。

A. Ctrl + A　　　　　　B. Ctrl + B　　　　　　C. Ctrl + C　　　　　　D. Ctrl + D

（2）绘制直线时，按住（　）键，可以绘制出水平直线。

A. Shift　　　　　　B. Alt　　　　　　C. Alt + Shift　　　　　　D. Del

2. 多项选择题

（1）要选取场景中的所有对象，可以采取（　）方法。

A. 按Ctrl + A组合键

B. 按住Alt键的同时单击各个对象

C. 按住Shift键的同时单击各个对象

D. 用鼠标横行框选场景中所有对象

（2）在"动作"面板中，可以为下列（　）添加AS脚本。

A. 影片剪辑　　　　　　B. 按钮　　　　　　C. 帧　　　　　　D. 位图

Adobe Flash CS5

模块 05

制作引导线动画

　　本模块主要学习和实践在 Flash 中使用引导层制作沿路径运动的动画效果。同时通过分析引导层与被引导层的相互关系，理解引导层和被引导层在动画设计中的作用。

能力目标

能够利用引导层制作沿路径运动的动画效果

学时分配

4 课时（讲课 2 课时，实践 2 课时）

知识目标

1. 理解引导层动画❶的原理
2. 理解引导层的概念

模拟制作任务

任务 1 制作"化蝶"动画片段

任务背景

下面要制作一部Flash动画短片，名字叫"化蝶"。动画开头部分的设计是一只蝴蝶飞进来，落在白色的马蹄莲花瓣上，如图5-1所示。

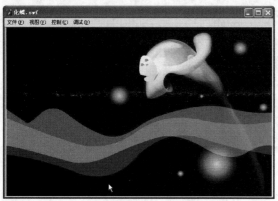

图5-1 "化蝶"片段最终效果

任务要求

蝴蝶扇动翅膀，轻盈地落在白色的马蹄莲花瓣上。

重点、难点

蝴蝶沿路径飞行。

【技术要领】使用"铅笔工具"绘制引导线，将"蝴蝶"影片元件分别拖动到引导线的两端，生成补间动画。

【解决问题】沿路径运动。

【素材来源】素材\模块05\蝶.fla。

任务分析

引导动画是指物体沿着设计的路径进行运动的动画，因此要想蝴蝶能够很自然地飞行，首先需要绘制一条引导线，然后将制作好的"蝴蝶"影片元件分别拖放到引导线的两端，利用引导关系将它们联系在一起，生成补间动画，这样蝴蝶就能自然地沿着路径翩翩起舞了。

操作步骤

创建文档

01 打开"素材\模块05\蝶.fla"文件，如图5-2所示。

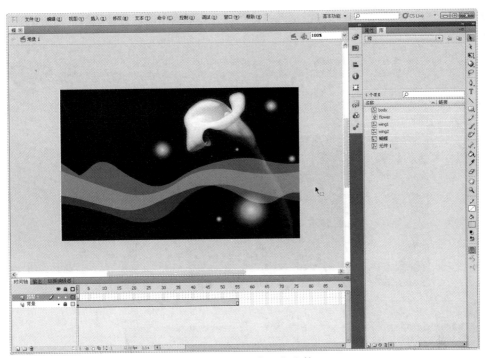

图5-2 打开"蝶.fla"文件

编辑文档

02 选中"图层1"的第1帧,将"库"中的"蝴蝶"影片元件拖放到场景外左侧的位置,如图5-3所示。

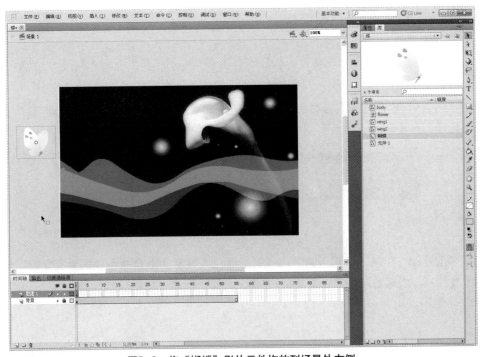

图5-3 将"蝴蝶"影片元件拖放到场景外左侧

03 选中"图层1"的第15帧,按F6键插入关键帧,并将场景中的蝴蝶移动到白色的花瓣上面,如图5-4所示。

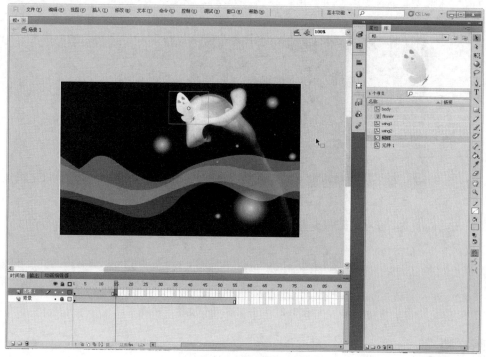

图5-4 插入关键帧

04 在"图层1"的第1帧和第15帧之间任意选择一帧右击鼠标,在弹出的菜单中选择"创建补间动画"命令,接着选中第55帧并按F5键插入帧,使其与"背景"层保持同时显示。这时按Enter键测试影片,发现蝴蝶已经可以从场景外飞进来,沿着一条直线在运动,但看起来很不自然。

创建引导层

05 选中"图层1"右击鼠标,在弹出的菜单中选择"添加引导层"命令,为"图层1"添加一个引导层,如图5-5所示。

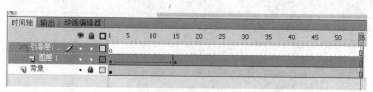

图5-5 添加引导层

06 选择"工具箱"中的"铅笔工具","笔触颜色"设置为随意颜色(因为实际输出动画中不会看到),"笔触高度"设置为1,并将工具箱下方的"铅笔模式"设置为"平滑",如图5-6所示。

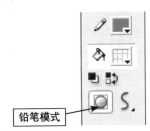

图5-6 引导层笔触的相关设置

绘制引导线

07 选中引导层的第1帧，拖动鼠标在场景中绘制一条弧线，如图5-7所示。

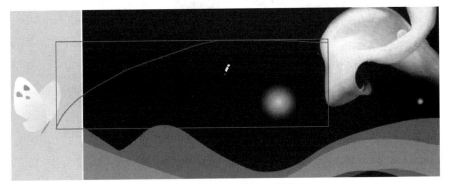

图5-7 在场景中绘制一条弧线

08 如果绘制的曲线不够平滑，可以选择"工具箱"中的"选择工具"，选中绘制的弧线，然后单击工具箱下方的"平滑"按钮，连续单击几次，绘制的曲线就会变得非常平滑，如图5-8所示。

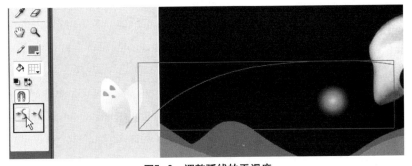

图5-8 调整弧线的平滑度

编辑"蝴蝶"元件

09 在场景中，单击鼠标选中"图层1"的第1帧上的"蝴蝶"元件，拖动它并让元件中间的圆圈套在引导层上的弧线的左端，如图5-9所示。

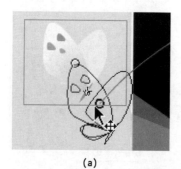 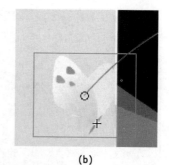

(a)　　　　　　　　　　　(b)

图5-9　将元件中间的圆圈套在弧线的左端

10 同样，选中"图层1"的第15帧，拖动第15帧处的"蝴蝶"元件，使元件中间的圆圈套在弧线的右端，如图5-10所示。

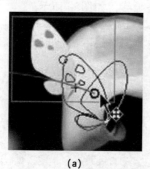 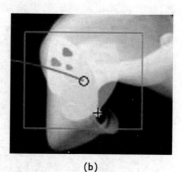

(a)　　　　　　　　　　　(b)

图5-10　改变第15帧处"蝴蝶"元件的位置

11 按Ctrl+Enter组合键测试影片。

知识点拓展

❶ 引导层动画

引导层动画就是通过创建引导层，使引导层中的对象沿着引导层中的路径进行运动的动画。这种动画可以使一个或多个元件完成规则运动或不规则运动。

引导层动画的创建需要通过创建引导层来实现，使用引导层可以在制作动画时更好地组织舞台中的对象，对对象的运动路径进行精确的控制。引导层在影片制作过程中主要起辅助作用，在发布Flash动画时不会显示在Flash影片的屏幕中。在创建引导动画前，需要了解引导层的相关知识。

引导层分为普通引导层和传统运动引导层两种。

（1）普通引导层

普通引导层在影片中起辅助静态对象定位的作用，选中要作为引导层的图层，右击鼠标，在弹出的快捷菜单中选择"引导层"命令即可将该图层创建为普通引导层，如图5-11所示，在图层区域以✎图标表示，如图5-12所示。

图5-11　选择"引导层"命令　　　**图5-12　普通引导层**

（2）传统运动引导层

传统运动引导层在Flash动画中，为对象建立曲线运动或使它沿指定的路径运动是不能够直接完成的，需要借助引导层来实现。运动引导层可以根据需要与一个图层或多个图层相关联，这些被关联的图层称为被引导层。被引导层中的任意对象将沿着运动层上的路径运动，创建的引导层在图层区域以⌕图标显示，如图5-13所示。

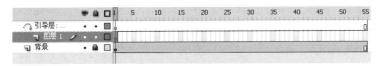

图5-13　运动引导层

创建运动引导层之后，在"时间轴"面板的图层编辑区中被引导层的标签向内缩进，上方的引导层则没有缩进，形象地表现出两者之间的关系。在默认情况下，任何一个新创建的运动引导层都会自动放置在创建该运动引导层的普通图层的上方。移动该图层则所有与它相连续的图层将随之移动，以保持它们之间的引导和被引导的关系。

一个运动引导层可以与一个或多个图层关联，只要将图层拖动到引导层的下面即可，但是运动引导层不能与普通引导层关联，如图5-14所示。

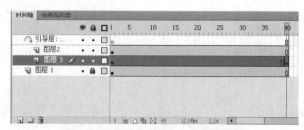

图5-14　将多个图层与运动引导层关联

（3）普通引导层和运动引导层的相互转换

普通引导层和运动引导层之间可以相互转化，要将普通引导层转换为运动引导层，只需给普通引导层添加一个被引导层即可。

具体方法为：朝右下角的方向拖动普通引导层上方的图层到普通引导层的下方。利用同样的道理，如果要将运动引导层转换为普通引导层，只需要将与运动引导层相关联的所有引导层拖动到运动引导层的上方即可。

独立实践任务

任务 2 制作"纸飞机的爱情"网络图书发布宣传动画

任务背景

某文学网站要为青春偶像派文学作家"敏敏"的最新爱情小说《纸飞机的爱情》作网络宣传，需要制作一个Flash动画。

任务要求

1. 画面清新唯美，青草岸，蓝天下，粉红色的纸飞机轻柔地划过，逝去的青春再次撩动你的心弦，勾起你或甜蜜，或忧伤，或苦涩的记忆……
2. 要求绘制引导线，使粉色的纸飞机飞行的轨迹变得优美、自然。

【技术要领】使用"铅笔工具"和"选择工具"绘制纸飞机；使用"铅笔工具"绘制引导线。

【解决问题】自由曲线运动。

【素材来源】素材\模块05\纸飞机.fla、背景.jpg。

任务分析

_____

_____

_____

主要制作步骤

_____

_____

_____

_____

职业技能知识点考核

1. 单项选择题

（1）在时间轴中，动作补间用（　）表示。

A. 蓝色　　　　　　　　B. 红色　　　　　　　　C. 绿色　　　　　　　　D. 黄色

（2）在时间轴中，形状补间用（　）表示。

A. 蓝色　　　　　　　　B. 红色　　　　　　　　C. 绿色　　　　　　　　D. 黄色

2. 多项选择题

动态文本和输入文本所支持的行为中，（　）是共有的。

A. 单行　　　　　　　　B. 多行　　　　　　　　C. 多行不换行　　　　D. 密码

Adobe Flash CS5

模块 06

制作遮罩动画

本模块主要讲解遮罩动画[1]制作的原理和方法，通过真实商业案例制作方法的学习和实践，培养学生对"遮罩层"的实战应用的能力，由于"遮罩"这一动画技术在 Flash 动画制作中使用频繁，因此本章特选了一个相对较复杂的案例，案例中对遮罩层[2]的应用十分巧妙，具有较强的实用价值。

能力目标

1. 能够制作简单的遮罩动画
2. 能够应用遮罩层制作丰富的动画效果

学时分配

10 课时（讲课 4 课时，实践 6 课时）

知识目标

1. 理解遮罩的概念
2. 掌握遮罩层的使用方法

模拟制作任务

任务 1　为某手机新品上市制作宣传动画

任务背景

摩托罗拉公司有一款新手机即将上市，公司希望制作一个Flash动画用于网络宣传，最终动画制作效果如图6-1所示。

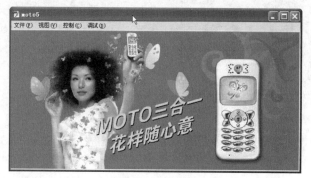

图6-1　完成效果

任务要求

面向的目标群体为年轻时尚的一族，要求画面风格唯美、浪漫。

重点、难点

1. 遮罩层的使用。
2. 动画逻辑设计。

【技术要领】巧妙利用遮罩层制作循序和渐出效果。

【解决问题】顺序、生长等效果的制作。

【素材来源】素材\模块06\moto.fla。

提示

由于本案例较系统，元件素材较多，为了节省时间，避免知识点的重复讲解，案例中所有的元件素材都已提前完成，各种元件的制作方法请参考本书前面的相关章节，本案例重在讲解遮罩的使用。

打开素材并设置属性

01 选择"文件" > "打开"命令，打开"素材\模块06\moto.fla"文件，如图6-2所示。

02 按Ctrl+J组合键，打开"文档设置"对话框，设置"帧频"为30，"背景颜色"为"粉红色"（#EE2F58），如图6-3所示。设置完成后单击"确定"按钮进入主场景。

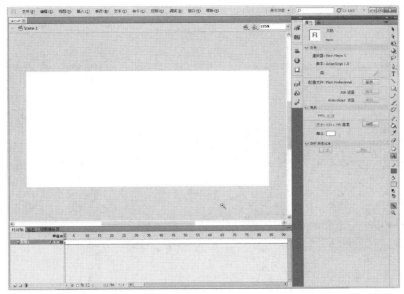

图6-2　打开素材

图6-3　设置文档属性

制作文字遮罩动画

03 从"库"中将图形元件"copy1"拖放到舞台上，调整位置，效果如图6-4所示。

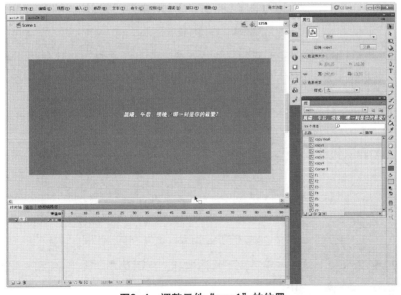

图6-4　调整元件"copy1"的位置

04 单击"时间轴"面板上的"新建"按钮，新建"图层2"，从"库"中将图形元件"symbol 30"拖放到舞台上，调整位置，效果如图6-5所示。

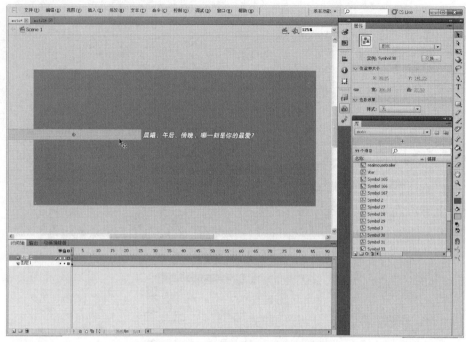

图6-5　调整元件"symbol 30"的位置1

05 选择"图层2"的第10帧，按F6键插入关键帧，按下Shift键，使用"选择工具"将元件"symbol 30"往右平移，盖住部分文字，效果如图6-6所示。

图6-6　将元件往右平移

06 在"图层2"的第1帧和第10帧之间的任意位置单击右键，选择"创建传统补间"命令，并在"属性"面板中设置补间的"缓动"值为"100"，如图6-7所示。

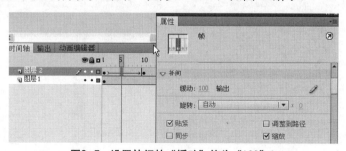

图6-7　设置补间的"缓动"值为"100"1

07 在"图层2"的第40帧上单击左键并向下拖动鼠标，同时选中"图层1"和"图层2"的第40帧，按F6键插入关键帧，如图6-8所示。

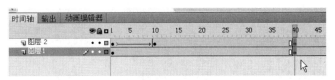

图6-8 插入关键帧

08 使用同样的方法同时选中"图层1"和"图层2"的第61帧，按F6键插入关键帧。然后在两个图层第40帧和第61帧之间的任意一帧单击右键，选择"创建传统补间"命令，并在"属性"面板中设置补间的"缓动"值为"100"，如图6-9所示。

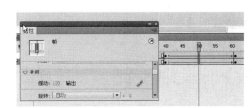

图6-9 设置补间的"缓动"值为"100" 2

09 使用"工具箱"中的"选择工具"，选择"图层1"的第61帧，选中舞台上的图形元件"copy1"，往左拖动，调整其位置至舞台中间，效果如图6-10所示。

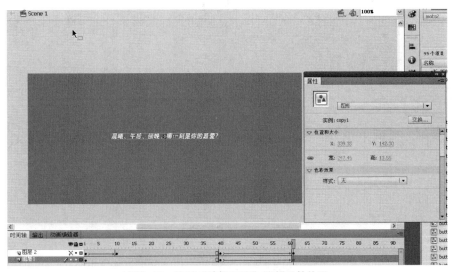

图6-10 使用"选择工具"调整元件位置

同样，选中"图层2"的第61帧，选中舞台上的图形元件"symbol 30"，往右拖动，调整其位置至舞台中间，保证其能完全罩住图形元件"copy1"，效果如图6-11所示。

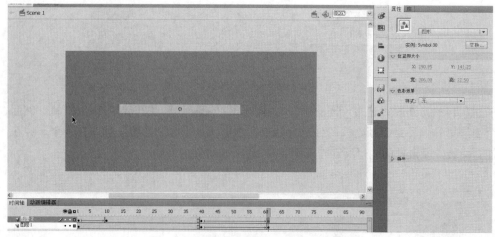

图6-11　调整元件"symbol 30"的位置2

制作蝴蝶飞行动画

10 单击"时间轴"面板上的"新建"按钮，新建"图层3"，选中"图层3"的第40帧，按F7
键插入空白关键帧，从"库"中将影片剪辑元件"butterfly 0"拖放到舞台上方，调整位
置，效果如图6-12所示。

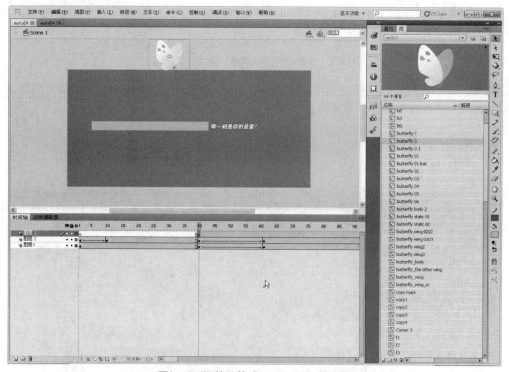

图6-12　调整元件"butterfly 0"的位置

11 选中"图层3"的第69帧，按F6键插入关键帧，使用"选择工具"拖动场景上方的影片剪辑
元件"butterfly 0"到场景中，具体位置效果如图6-13所示。

12 在"图层3"的第40帧和第69帧之间的任意一帧上单击右键，选择"创建传统补间"命令，如图6-14所示。

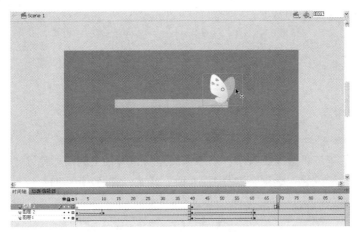

图6-13　拖动元件到场景中

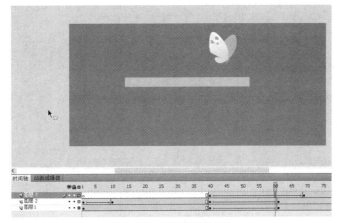

图6-14　创建传统补间1

13 分别选中"图层1"的第101帧和第107帧，按F6键插入关键帧。然后在第101帧和第107帧之间选中任意一帧单击右键，选择"创建传统补间"命令，并在"属性"面板中设置补间的"缓动"值为"-100"，如图6-15所示。

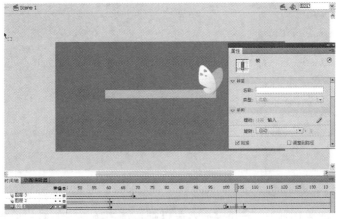

图6-15　设置补间的"缓动"值为"-100"1

14 将"图层2"暂时隐藏，方法是单击"时间轴"面板上"图层2"对应的"显示或隐藏所有图层"按钮 👁 ，如图6-16所示。

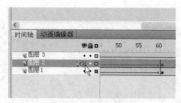

图6-16　隐藏图层

15 选择"工具箱"中的"选择工具"，选中图层1中第107帧上的图形元件"copy1"，在"属性"面板中"色彩效果"选项下选择"Alpha"样式，并将Alpha的数值设为"0%"，效果如图6-17所示。

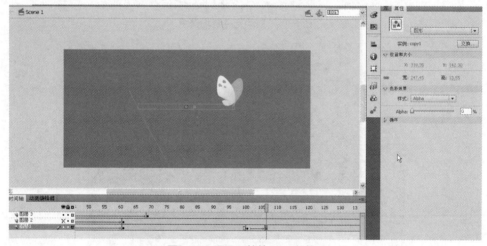

图6-17　设置元件的Alpha数值1

16 在"图层2"上单击右键，选择"遮罩层"命令，将"图层2"设置为遮罩层，如图6-18所示，"图层2"设为遮罩层后的效果如图6-19所示。

图6-18　选择"遮罩层"命令

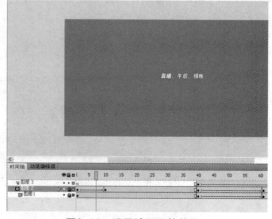

图6-19　设置遮罩层的效果

17 选中"图层3"的第107帧，按F6键插入关键帧，选中场景中的影片剪辑元件"butterfly

0"，选择"修改">"变形">"水平翻转"命令，改变影片剪辑元件"butterfly 0"的方向，如图6-20所示。

图6-20　改变元件"butterfly 0"的方向

18 选中"图层3"的第125帧，按F6键插入关键帧。选择"工具箱"中的"选择工具"，将该帧上的影片剪辑元件"butterfly 0"的位置移动到场景外，效果如图6-21所示。

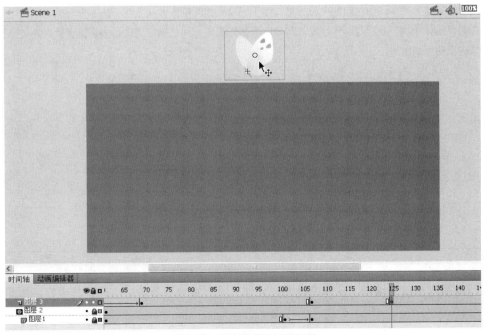

图6-21　将元件移动到场景外

19 在"图层3"的第107帧和第125帧之间选中任意一帧单击右键，选择"创建传统补间"命令，如图6-22所示。

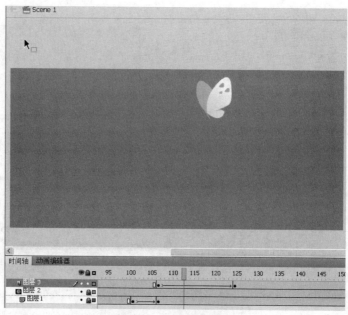

图6-22　创建传统补间2

用遮罩层效果制作影片剪辑元件——制作花纹的生长效果

注意

本案例需要用到三组花纹装饰图案，如图6-23所示。我们将其制成3个影片剪辑元件，并巧妙使用"遮罩层"效果模仿它们的生长效果。由于三个元件的制作方法相同，接下来我们将以其中一个影片元件为例，介绍其制作过程，其他两个影片剪辑元件已制作完成，如果读者感兴趣可以尝试自己动手制作。

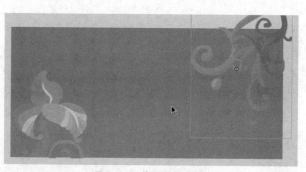

图6-23　花纹装饰图案

20 单击"时间轴"面板上的"新建图层"按钮，新建"图层4"。选中"图层4"的第108帧，按F7键插入空白关键帧，从库中将图形元件"h1"拖放到场景中，调整其位置，如图6-24所示。

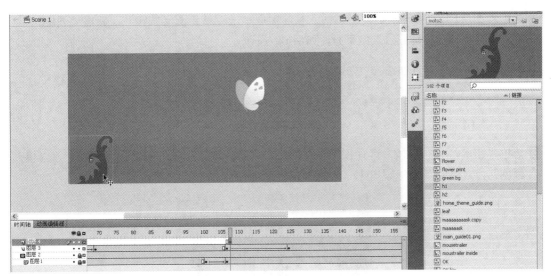

图6-24 调整图形元件"h1"的位置

21 使用"选择工具"选中场景中的图形元件"h1",选择"修改">"转换为元件"命令,将其转换为一个名称为"Z1"的影片剪辑元件,如图6-25所示。

图6-25 转换为"影片剪辑"元件

22 双击在场景中的花卉图案,进入到"Z1"影片剪辑元件的编辑窗口(这样可以在当前位置对"Z1"影片剪辑元件进行编辑),如图6-26所示。

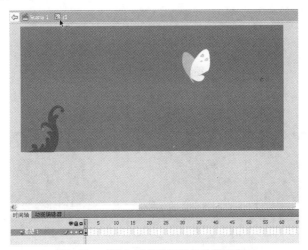

图6-26 "Z1"影片剪辑元件的编辑窗口

23 选中"图层1"的第50帧，按F5键插入帧。然后单击"新建图层按钮"，新建"图层2"，将"图层2"拖到"图层1"的下方，如图6-27所示。

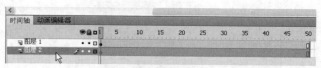

图6-27　新建图层1

24 选中"图层2"的第1帧，选择工具箱中的矩形工具，设置"笔触颜色"为"无"，"填充颜色"为"粉色"（#FA3B64），如图6-28所示。

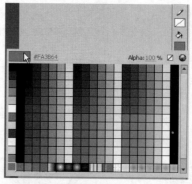

图6-28　设置"笔触颜色"和"填充颜色"

25 在舞台上绘制一个矩形，选择"工具箱"中的"任意变形工具"，选中该矩形，如图6-29所示。

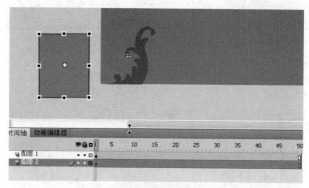

图6-29　绘制矩形1

26 拖动矩形的圆心，将矩形的中心点移到矩形的右上角上，如图6-30所示。

(a)　　　　　　　　　　　　　　(b)

图6-30　移动矩形的中心点

27 旋转并移动矩形，调整其位置，效果如图6-31所示。

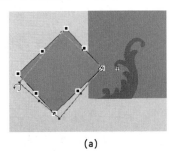

(a)

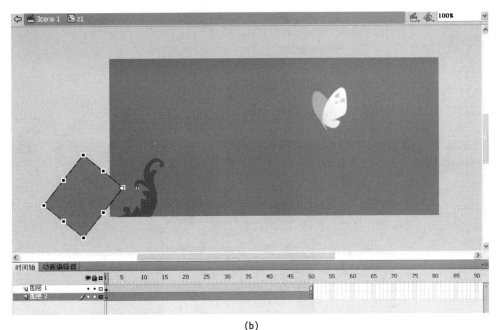

(b)

图6-31　旋转并移动矩形1

28 选中"图层2"的第11帧，按F6键插入关键帧，使用"任意变形工具"调整该帧上矩形的大小、位置和方向，效果如图6-32所示。

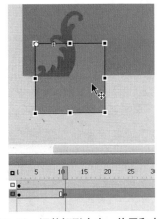

图6-32　调整矩形大小、位置和方向

29 选中"图层2"的第22帧，按F6键插入关键帧，使用"任意变形工具"调整该帧上矩形的位置和方向，效果如图6-33所示。

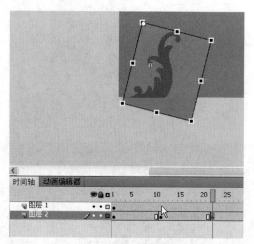

图6-33　调整矩形的位置和方向

30 在"图层2"的第1帧和第11帧之间选择任意一帧右击，选择"创建传统补间"命令，如图6-34所示。

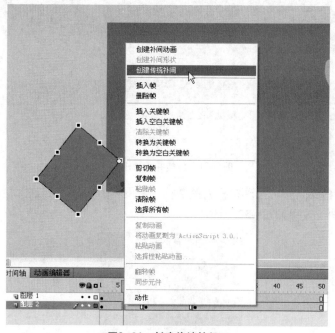

图6-34　创建传统补间3

31 在"属性"面板的"补间"选项下设置"缓动"值为"-31"、"旋转"为"自动"、并勾选"缩放"复选框，如图6-35所示。

图6-35 设置"属性"面板

32 在"图层2"的第11帧和第21帧之间选择任意一帧右击,选择"创建传统补间"命令。并在"属性"面板的"补间"选项下设置"缓动"值为"100"、"旋转"为"自动",并勾选"缩放"复选框,如图6-36所示。

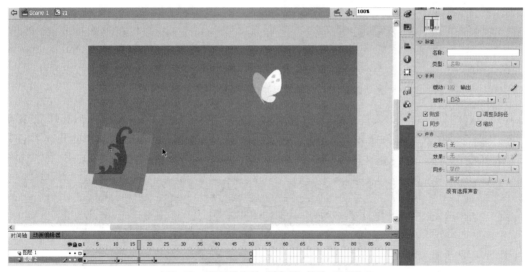

图6-36 设置补间的"缓动"值为"100"3

33 在"图层1"上单击右键,选择"遮罩层"命令,为"图层1"和"图层2"建立遮罩关系,如图6-37所示。

(a)

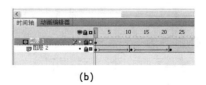

(b)

图6-37 建立遮罩层1

34 单击"时间轴"面板上的"新建图层"按钮，新建"图层3"。然后选中"图层3"的第36帧，按F7键插入空白关键帧，从库中将图形元件"h2"拖放到舞台上，效果如图6-38所示。

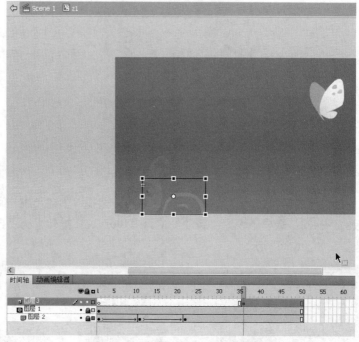

图6-38　新建图层并将元件拖放到舞台

35 单击"时间轴"面板上的"新建图层"按钮，新建"图层4"。然后选中"图层4"的第36帧，按F7键插入空白关键帧。选择"工具箱"中的"矩形工具"绘制一个矩形，并使用"任意变形工具"将它的中心点调整到矩形上边线的中间节点上，如图6-39所示。

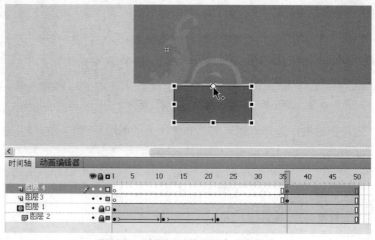

图6-39　绘制矩形并调整中心点位置

36 选中"图层4"的第50帧，按F6键插入关键帧，使用"任意变形工具"旋转该帧上的矩形，使其完全覆盖下面的图形元件"h2"，如图6-40所示。

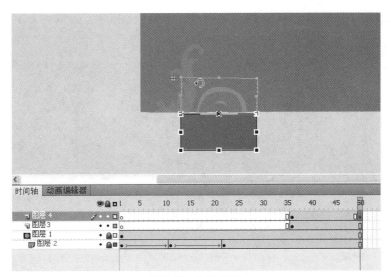

图6-40 旋转矩形1

37 在"图层4"的第36帧和第50帧之间选择任意一帧右击，选择"创建传统补间"命令。然后在"属性"面板的"补间"选项下设置"缓动"值为"100"、"旋转"为"顺时针"、并勾选"缩放"复选框，如图6-41所示。

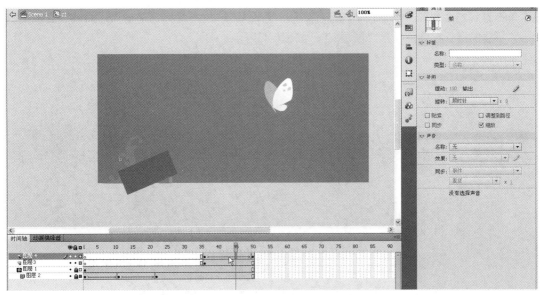

图6-41 设置补间的"缓动"值为"100" 4

38 在"图层4"上单击右键，选择"遮罩层"命令，为"图层4"和"图层3"建立遮罩关系，如图6-42所示。

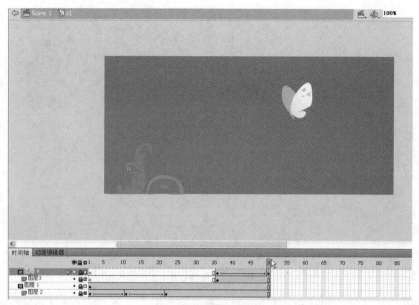

图6-42　建立遮罩层2

使用遮罩层特效和"缓动"特效制作花纹的生长效果

39 单击舞台左上角的"场景1"按钮 Scene 1，返回场景1的主窗口。单击"时间轴"面板上的"新建图层"按钮，新建"图层5"，如图6-43所示。

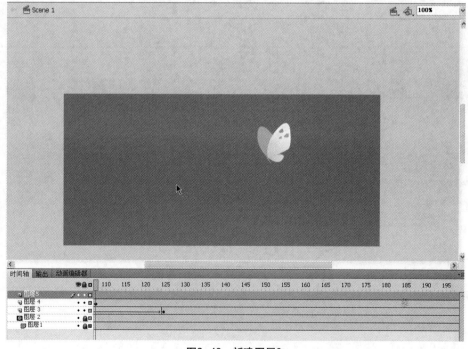

图6-43　新建图层2

40 选中"图层5"的第117帧，按F7键插入空白关键帧，从库中将影片剪辑元件"h3"拖放到场景中，调整其位置，如图6-44所示。

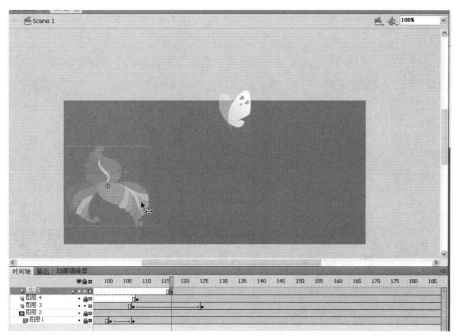

图6-44 将"h3"拖放到场景中

41 双击场景中的花卉图案，进入"h3"影片剪辑元件的编辑窗口，如图6-45所示。

42 选中"图层2"，单击"时间轴"面板上的"新建图层"按钮，在"图层2"的上方新建"图层4"，如图6-46所示。

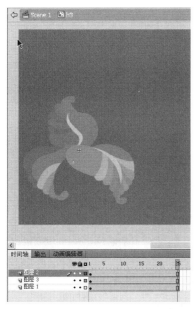

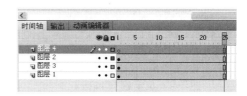

图6-45 进入"h3"影片剪辑元件的编辑窗口　　　　　　　　图6-46 新建图层3

43 选中"图层4"的第1帧，选择"工具箱"中的"矩形工具"，设置"笔触颜色"为"无"，"填充颜色"为"粉红色"（#F2335C），绘制一个矩形，如图6-47所示。

44 选择"工具箱"中的"任意变形工具"，调整矩形的中心点到右下角上。单击选中"图层

4"的第7帧，按F6键插入关键帧，拖动矩形左下角的句柄旋转矩形至合适位置，效果如
图6-48所示。

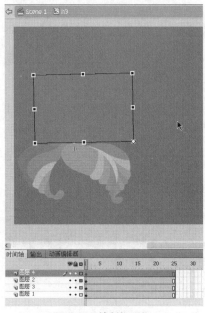

图6-47 绘制矩形2

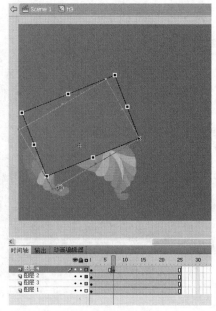

图6-48 旋转矩形2

45 选中"图层4"的第13帧，按F6键插入关键帧，使用"任意变形工具"拖动并旋转矩形至合适位置，效果如图6-49所示。

46 全选"图层4"的第1帧至第13帧，单击右键，选择"创建传统补间"命令，如图6-50所示。

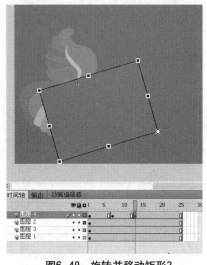

图6-49 旋转并移动矩形2

图6-50 创建传统补间4

47 按照前面步骤所述的方法，设置第1帧至第7帧之间的补间属性的"缓动"值为"100"、
"旋转"为"自动"；设置第7帧至第13帧之间的补间属性的"缓动"值为"-100"、"旋转"为"自动"。

48 在"图层4"上右击，选择"遮罩层"命令，为"图层4"和"图层2"建立遮罩关系，如图6-51所示。

49 依据上述步骤，在"图层3"上面新建"图层5"，在"图层1"上面新建"图层6"，分别为两个图层上的花瓣制作遮罩效果，如图6-52所示。

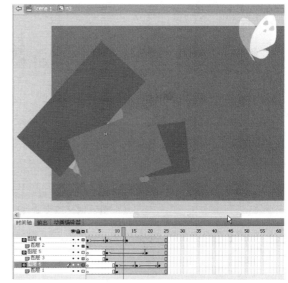

图6-51　建立遮罩层3　　　　　　　　图6-52　制作花瓣的遮罩效果

制作蝴蝶飞行的引导动画效果

50 单击舞台左上角的"场景1"按钮 Scene 1，返回场景1的主窗口。

51 选中"图层3"的第130帧，按F7键插入空白关键帧，从库中将影片剪辑元件"butterfly 01"拖放到场景右侧，调整其位置，如图6-53所示。

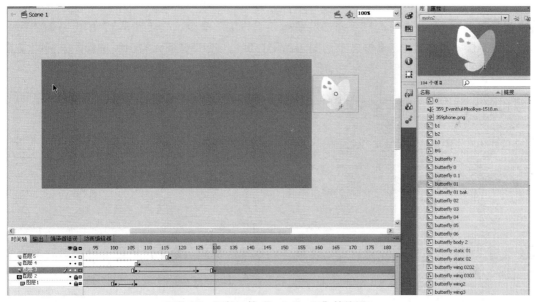

图6-53　调整元件"butterfly 01"的位置1

52 单击影片剪辑元件"butterfly 01"，选择"修改">"变形">"水平翻转"命令，改变影片剪辑元件"butterfly 01"的方向，如图6-54所示。

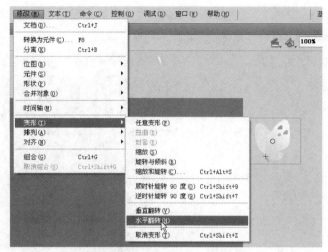

图6-54　改变影片剪辑元件的方向1

53 选中"图层3"的第180帧，按F6键插入关键帧，拖动此帧上的影片剪辑元件"butterfly 01"到场景中，调整其位置，如图6-55所示。

图6-55　调整元件"butterfly 01"的位置2

54 选择"图层3"右击，选择"添加传统运动引导层"命令，在"图层3"的上方新建一个"引导层：图层3"，单击选中该图层的第130帧，按F7键插入空白关键帧。选择"工具箱"中的"铅笔工具"，颜色任意，在画面中绘制一条曲线，效果如图6-56所示。

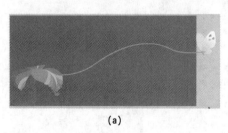

(a)

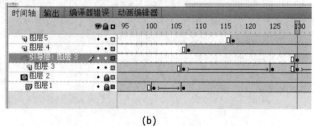

(b)

图6-56　添加引导层

55 选中"图层3"的第130帧右击，选择"创建传统补间"命令，创建一段补间动画，如图6-57所示。

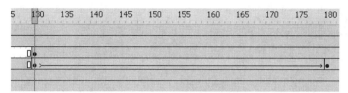

图6-57　创建传统补间动画1

56 调整第130帧和第180帧上的影片剪辑元件"butterfly 01"图形的位置，使其分别位于所绘制曲线的两端，要确保图形中间的圆圈套在曲线上，如图6-58所示。

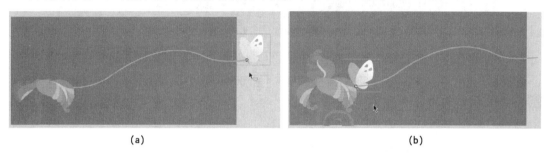

(a)　　　　　　　　　　　　　　　　(b)

图6-58　调整元件"butterfly 01"的位置3

57 选中"图层5"，单击"时间轴"面板上的"新建图层"按钮，新建"图层6"。单击选中"图层6"的第183帧，按F7键插入空白关键帧，从库中将图形元件"copy2"拖放到场景中，调整其位置，如图6-59所示。

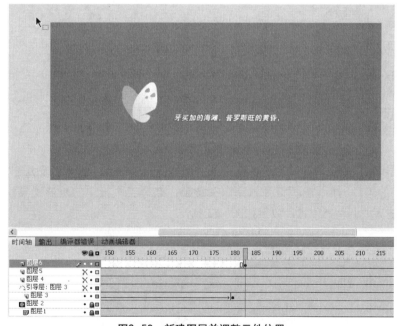

图6-59　新建图层并调整元件位置

58 选中"图层6"的第200帧，按F6键插入关键帧。然后选中第183帧上的图形元件"copy2"，在"属性"面板中的"色彩效果"选项下设置Alpha数值为"0%"，如图6-60所示。

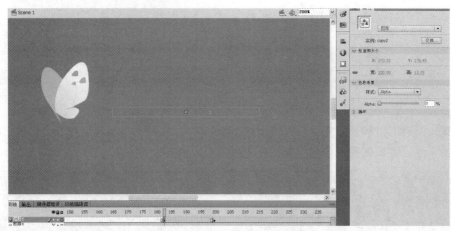

图6-60　设置元件的Alpha数值2

59 在"图层6"的第183帧和第200帧之间任意一帧上右击鼠标，选择"创建传统补间"命令，并在"属性"面板中设置补间的"缓动"值为"100"，如图6-61所示。

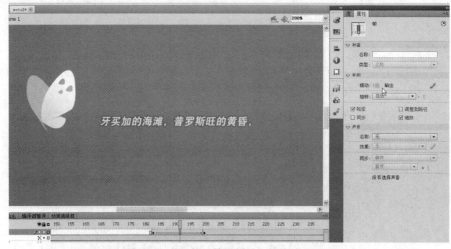

图6-61　设置补间的"缓动"值为"100" 5

60 选中"图层6"，单击"时间轴"面板上的"新建图层"按钮，新建"图层7"。单击选中"图层7"的第183帧，按F7键插入空白关键帧，选择工具箱中的矩形工具绘制一个长方形，颜色任意，调整其位置，效果如图6-62所示。

图6-62　绘制矩形3

61 选中"图层7"的第200帧，按F6键插入关键帧。将矩形向右平移，完全盖住图形元件"copy2"。在"图层7"的第183帧和第200帧之间任意一帧上右击鼠标，选择"创建传统补间"命令，并在"属性"面板中设置补间的"缓动"值为"100"，如图6-63所示。

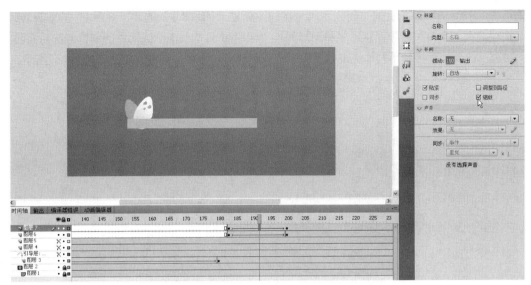

图6-63 设置补间的"缓动"值为"100"6

62 分别选中"图层6"的第245帧和第253帧，按F6键插入关键帧。在"属性"面板中设置第253帧上的图形元件"copy2"的Alpha数值为"0%"。在第245帧和第253帧之间任意一帧上右击鼠标，选择"创建传统补间"命令，并在"属性"面板中设置补间的"缓动"值为"-100"，如图6-64所示。

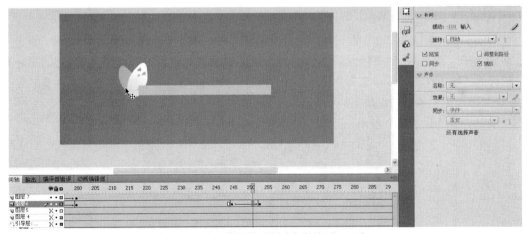

图6-64 设置补间的"缓动"值为"-100"2

63 在"图层7"上右击鼠标，选择"遮罩层"命令，如图6-65和图6-66所示。

图6-65 选择"遮罩层"命令

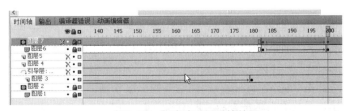

图6-66 创建遮罩层后的效果

64 单击"时间轴"面板上的"新建图层"按钮，新建"图层8"。选中"图层8"的第245帧，按F7键插入空白关键帧，从库中将图形元件"symbol 31"（由于该元件的制作方法前面已经讲过，故此处直接使用制作完成的元件）拖放到舞台右上角，调整其位置，如图6-67所示。

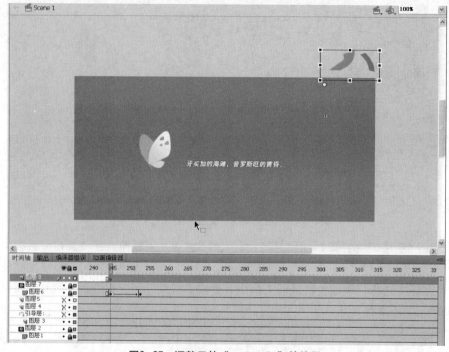

图6-67　调整元件"symbol 31"的位置

65 分别选中"图层3"的第190帧和第267帧，按F6键插入关键帧。选中第267帧上的影片剪辑元件"butterfly 01"，选择"修改" > "变形" > "水平翻转"命令，改变影片剪辑元件"butterfly 01"的方向，如图6-68所示。

图6-68　改变影片剪辑元件的方向2

66 接下来分别选中"图层3"的第302帧、307帧、355帧、360帧、368帧、375帧、395帧、402帧、457帧、488帧、489帧、508帧、595帧、660帧，按F6键插入关键帧，并通过在"图层3"的"引导层"上绘制多段曲线，制作多段补间动画的形式，目的是制作出蝴蝶在两个花形图案之间来回穿梭，翩翩起舞的一段动画。因制作方法与前面部分步骤相似，故省略操作讲解，读者可参考素材实例中的效果，也可以自己设计蝴蝶的飞行轨迹，如图6-69所示。

图6-69　制作蝴蝶飞行轨迹

67 分别单击"图层6"和"图层7"前面的"锁定或解除锁定所有图层"按钮，暂时将这两个图层解锁，便于以后继续在这两个图层上制作遮罩效果，如图6-70所示。

图6-70　解锁图层

68 选中"图层6"的第285帧，按F7键插入空白关键帧，从库中将图形元件"copy3"拖放到场景中，调整其位置。选中"图层6"的第302帧，按F6键插入关键帧，在"属性"面板中设置第285帧上图形元件"copy3"的Alpha数值为"0%"，如图6-71所示。

图6-71　调整元件"copy3"的位置

69 在"图层6"的第285帧和第302帧之间任意一帧上右击鼠标，选择"创建传统补间"命令，生成补间动画。

70 选中"图层7"的第285帧，按F7键插入空白关键帧，选择工具箱中的"矩形工具"绘制一个长方形，颜色任意，调整其位置，然后选中"图层7"的第302帧，按F6键插入关键帧，如图6-72所示。

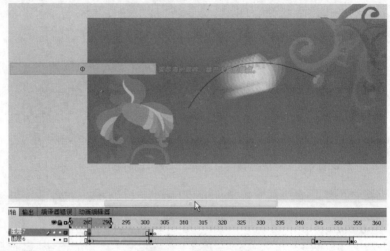

图6-72　绘制长方形

71 选中"图层7"第302帧上的矩形，向右平移，完全遮住下面的图形元件"copy3"，在"图层7"的第285帧和第302帧之间的任意一帧上右击鼠标，选择"创建传统补间"命令，如图6-73所示。

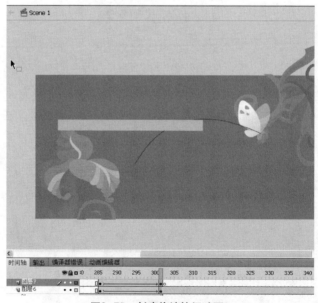

图6-73　创建传统补间动画2

72 分别选中"图层6"的第345帧和354帧，按F6键插入关键帧，用工具箱中的"选择工具"选中第354帧上的图形元件"copy3"，在"属性"面板里，设置"色彩效果"选项下的Alpha数值为"0%"，然后在第345帧和354帧之间的任意一帧上右击鼠标，选择"创建传统补间"命令，如图6-74所示。

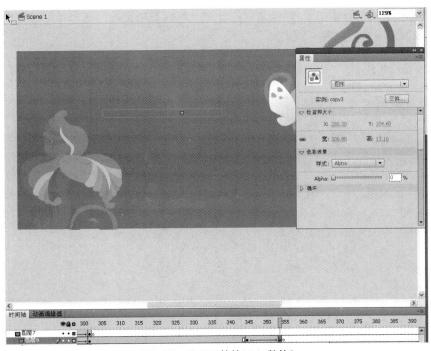

图6-74　设置元件的Alpha数值3

73 选中"图层6"的第400帧，按F7键插入空白关键帧。从库中将图形元件"copy4"拖放到场
景中，调整其位置。选中"图层6"的第418帧，按F6键插入关键帧，选中第400帧上的图
形元件"copy4"，在"属性"面板中的"色彩效果"选项下设置Alpha数值为"0%"，如
图6-75所示。

图6-75　设置元件的Alpha数值4

74 在"图层6"的第400帧和第418帧之间的任意一帧上右击鼠标,选择"创建传统补间"命令,生成补间动画,如图6-76所示。

图6-76 创建传统补间动画3

75 选中"图层7"的第400帧,按F7键插入空白关键帧,选择工具箱中的"矩形工具"绘制一个长方形,颜色任意,调整其位置,如图6-77所示。

图6-77 绘制长方形并调整位置

76 选中"图层7"的第418帧,按F6键插入关键帧。选中该帧上的矩形,向右平移,以完全遮住下面的图形元件"copy4"，在"图层7"的第400帧和第418帧之间的任意一帧上右击鼠标，选择"创建传统补间"命令，并在"属性"面板里设置"缓动"值为"100"，如图6-78所示。

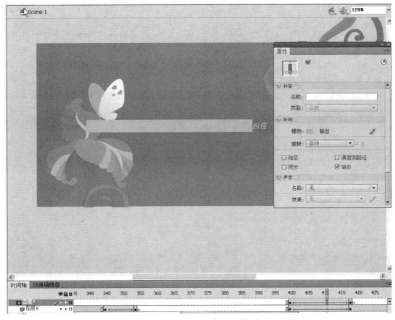

图6-78　设置补间的"缓动"值为"100"7

77 分别选中"图层6"的第447帧和第457帧，按F6键插入关键帧，用工具箱中的"选择工具"选中第457帧上的图形元件"copy4"，在"属性"面板里，设置"色彩效果"选项下的Alpha数值为"0%"，然后在第447帧和457帧之间的任意一帧上右击鼠标，选择"创建传统补间"命令，创建补间动画。在"属性"面板里设置"缓动"值为"-100"，如图6-79所示。

图6-79　设置Alpha数值和"缓动"值1

78 选中"图层6"的第503帧，按F7键插入空白关键帧。从库中将图形元件"symbol 81"拖放到舞台上，调整其位置，如图6-80所示。

图6-80　将元件拖放到舞台并调整位置1

79 分别将选中"图层6"的第575帧和第582帧，按F6键插入关键帧。如前面步骤所述方法，在"属性"面板里设置第582帧上的图形元件"symbol 81"的Alpha数值为"0%"。在第575帧和第582帧之间的任意一帧上右击鼠标，选择"创建传统补间"命令，创建补间动画。在"属性"面板里设置补间的"缓动"值为"100"，如图6-81所示。

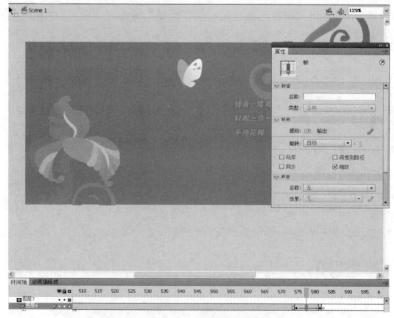

图6-81　设置Alpha数值和"缓动"值2

80 分别单击"图层6"和"图层7"前面的"锁定或解除锁定所有图层"按钮，恢复两个图层锁定状态,这时便可以观看做好的遮罩效果。

81 在"图层7"上面新建一个图层,命名为"Flower",单击该图层的第475帧,按F7键插入一个空白关键帧,从库中将图形元件"symbol 56"拖放到场景中,调整其位置,如图6-82所示。

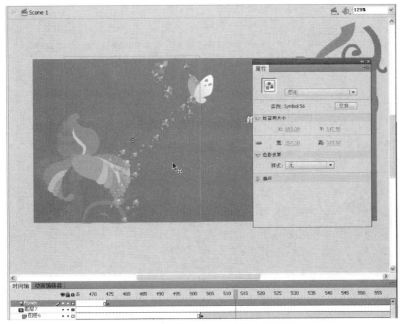

图6-82 将元件拖放到舞台并调整位置2

82 在"Flower"图层下面新建一个图层,命名为"Talent",单击该图层的第475帧,按F7键插入一个空白关键帧,从库中将图形元件"talent fake"拖放到场景中,调整其位置。然后单击第483帧,按F6键插入关键帧,如图6-83所示。

图6-83 放入元件

83 选中"Talent"图层的第475帧上的图形元件，在"属性"面板中调整其Alpha数值为"0%"，如图6-84所示。

图6-84　设置元件的"Alpha"数值5

84 在"Talent"图层的第475帧和第483帧之间的任意一帧上右击鼠标，选择"创建传统补间"命令，生成补间动画，在"属性"面板里设置补间的"缓动"值为"-100"，如图6-85所示。

图6-85　设置补间的"缓动"值为"-100" 3

85 在"Flower"图层上面新建一个图层，命名为"Slogan"，单击选中该层的第592帧，按F7键插入一个空白关键帧，从库中将图形元件"symbol 52"拖放到场景中，调整其位置，如图6-86所示。

图6-86　新建图层4

86 在"Slogan"图层上面新建一个图层，命名为"Phone"，选中该图层的第598帧，按F7键插入一个空白关键帧，从库中将图形元件"photo"拖放到场景中，调整其位置。然后选中第606帧，按F6键插入关键帧，在"属性"面板里设置第598帧上的元件"photo"的Alpha数值为"0%"。在第598帧和第606帧之间的任意一帧右击鼠标，选择"创建传统补间"命令，并设置"缓动"值为"100"，如图6-87所示。

图6-87　设置补间的"缓动"值为"100"8

87 最后，为了使画面更加生动，可以再制作几段蝴蝶穿行画面的引导线动画，如图6-88所示。

图6-88　最终效果

　　至此，本动画实例制作完成。实例中大量使用了"遮罩"这一动画形式，这种巧妙应用，对于初学Flash动画制作的学员有比较好的启发意义。由于本动画作品是真实的商业作品，在实际制作中比较复杂，耗费时间巨大，因此本例在讲解过程中对于非"遮罩"技术进行了略讲，还望读者谅解。部分制作细节，读者可以通过光盘附带的案例源文件进行推敲学习。

知识点拓展

❶ 遮罩动画

遮罩动画是一种特殊的动画类型，很多效果丰富的动画都是通过遮罩动画来完成的，如百叶窗、放大镜、望远镜等。在Flash软件中，制作遮罩动画效果必须通过至少两个图层才能完成，处于上面的图层称为遮罩层，而下面的图层称为被遮罩层，遮罩层就像一个窗口，通过它可以看到其下被遮罩层中的区域对象，而被遮罩层区域以外的对象将不会显示，如图6-89所示。一个遮罩层下可以包括多个被遮罩层，按钮内部不能包含遮罩层，也不能将一个遮罩应用于另外一个遮罩。

图6-89 使用遮罩前后的效果

Flash会忽略遮罩层中的位图、渐变色、透明、颜色和线条样式，其中的任何填充区域都是完全透明的，任何非填充区域都是不透明的，因此遮罩层中的对象将作为镂空的对象存在。

❷ 创建遮罩层

（1）利用右键菜单创建

使用右键菜单创建遮罩层的方法最为快捷、方便，因此经常被使用。在"时间轴"面板需要设置为遮罩层的图层处右击鼠标，在弹出的快捷菜单中选择"遮罩层"命令，即可将当前图层设为遮罩层，其下的一个图层也被相应地设为被遮罩层，如图6-90所示。

图6-90 使用右键菜单创建遮罩层

（2）使用"图层属性"对话框创建

创建遮罩层的另外一种方法就是通过"图层属性"对话框创建，不过使用该方法只能够将当前图层设置为遮罩层，而不能相应地将其下的图层设置为被遮罩层。具体的操作如下。

① 在"图层属性"对话框中选择需要设置为遮罩层的图层，选择 "修改">"时间轴">"图层属性"命令，或者在该图层处右击，在弹出的快捷菜单中选择"属性"命令，都可以弹出"图层属性"对话框。

② 在"图层属性"对话框中选择"类型"选项中的"遮罩层"选项，如图6-91所示。

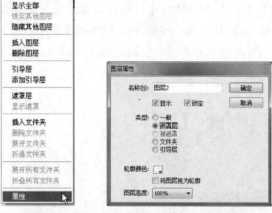

图6-91 使用"图层属性"对话框设置遮罩层

③ 单击"确定"按钮，当前图层会自动设置为遮罩层，如图6-92所示。

图6-92 遮罩层的显示

④ 按照同样的方法，在"时间轴"面板中选择需要设置为被遮罩层的图层，选择"修改">"时间轴">"图层属性"命令，或者在该图层处右击，在弹出的快捷菜单中选择"属性"命令，弹出"图层属性"对话框，然后选择"类型"选项中的"被遮罩"选项，可以将当前图层设置为被遮罩层，如图6-93所示。

图6-93 设置被遮罩层

独立实践任务

任务 2 卷轴效果制作

任务背景

要在杭州西湖的官方网站上制作一个Flash宣传动画，来宣传西湖的美丽景色。

任务要求

1. 作品要有传统感，要古朴典雅，要求以传统卷轴的形式表现。
2. 要求卷轴打开时给人的感觉很自然、优美。
3. 对于西湖的宣传图片，要与卷轴古朴的色调保持一致。

【技术要领】基本矩形工具、矩形工具、形状补间动画、遮罩。

【解决问题】打开画卷的遮罩动画。

【素材来源】素材\模块06\独立实践任务\西湖美景.fla。

任务分析

_____

_____

_____

主要制作步骤

_____

_____

_____

_____

职业技能知识点考核

1. 单项选择题

（1）打开组件面板的快捷键是（　　）。

A. Ctrl + F6　　　　　　　B. Ctrl + F7　　　　　　C. Ctrl + F8　　　　　D. Ctrl + F9

（2）在测试动画时，Flash自动发布的播放文件的后缀是（　　）。

A. swt　　　　　　　　　B. fla　　　　　　　　　C. swd　　　　　　　D. swf

2. 多项选择题

要选取场景中的所有对象，可以采取以下的（　　）、（　　）、（　　）方法。

A. 按Ctrl + A组合键

B. 按住Alt键的同时单击各个对象

C. 按住Shift键的同时单击各个对象

D. 用鼠标横向框选场景中所有对象

3. 判断题

（1）在Flash中，不可以在当前文档中使用其他文档的元件。（　　）

（2）Flash不但支持音频，而且支持视频。（　　）

Adobe Flash CS5

模块 07

制作滤镜和时间轴特效动画

本模块主要介绍"滤镜特效动画"在 Flash 动画软件中的制作方法，要求学生能够快速理解和掌握滤镜特效动画的概念和制作方法，提高学生制作 Flash 动画时对视觉效果的创新能力。

能力目标

1. 能够使用各种滤镜特效制作动画
2. 能够使用各种时间轴特效制作动画

知识目标

1. 理解滤镜特效的概念
2. 理解时间轴特效的概念

学时分配

8 课时（讲课 4 课时，实践 4 课时）

模拟制作任务

任务 1 在Flash中完成"学院宣传片1"滤镜动画

任务背景

某学院在招生工作到来之际计划更新网站"学院教学环境"板块,希望网站设计师能以Flash动画短片的形式表现出学院的教学环境,如图7-1所示。

图7-1 完成效果

任务要求

以不同画面交互播放的形式展示学院良好的环境,效果丰富,自然、大方。学院负责人要求Flash动画中要有"放飞梦想,科德学院"的宣传文本。

重点、难点

1. 时间轴特效动画制作。
2. 滤镜特效动画制作。

【技术要领】创建传统补间、文本工具、滤镜❶。

【解决问题】实现不同画面的交互播放。

【素材来源】素材\模块07\任务1。

任务分析

1. 在Flash动画中要出现不同画面的交互播放,我们可以使用"创建传统补间"的命令来实现这一效果。

2. 本例我们使用滤镜特效给文字添加投影效果。

操作步骤

创建文档

01 启动Flash CS5,按Ctrl+N组合键打开"新建文档"对话框,在"常规"选项卡中选择"Flash文件(Action Script 3.0)"选项,新建一个空白文档。按Ctrl+J组合键修改文档设置，参数如图7-2所示。

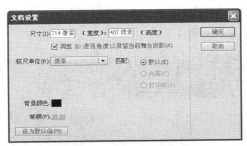

图7-2　"文档设置"对话框

02 设置完成后，单击"确定"按钮进入场景编辑画面，如图7-3所示。

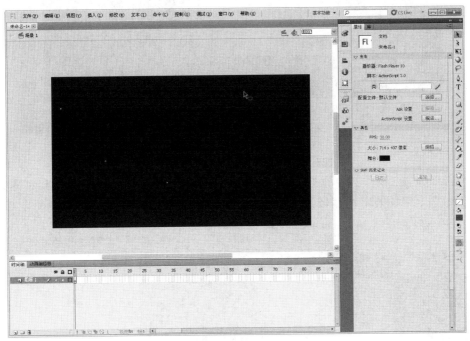

图7-3　进入场景编辑画面

创建元件

03 选择"插入"＞"新建元件"命令或按Ctrl+F8组合键，如图7-4（a）所示，创建一个名为"场景1"的图形元件，如图7-4（b）所示。

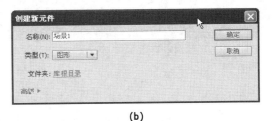

（a）　　　　　　　　　　　　　　　　（b）

图7-4　新建图形元件

04 选择"文件"＞"导入"＞"导入到舞台"命令，如图7-5（a）所示，导入图片"素材\模块07\任务1\场景1.jpg"到舞台，调整图片，使其与舞台的中央对齐，如图7-5所示。

(a)

(b)

图7-5　将素材图片导入到"场景1"舞台

05 利用同样的方法制作其他的图形元件，操作完成后在"库"中可以看到已经创建完成的
　　"场景2"、"场景3"、"场景4"的图形元件，如图7-6所示。

图7-6　制作完成的图形元件

06 选择"插入" > "新建元件"命令，在"创建新元件"对话框中，创建一个名为"文字1"
　　的影片剪辑元件，如图7-7所示，单击"确定"按钮。

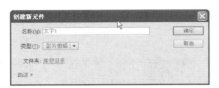

图7-7　创建"文字1"影片剪辑元件

07 选择"工具箱"中的"文本工具",在舞台中输入"放飞梦想,科德学院"文本,在"属性"面板中设置字体为"微软雅黑",字号为"35",颜色为"白色",如图7-8所示。

图7-8　输入文字并设置

08 选择"插入">"新建元件"命令,创建一个名为"文字动画"的影片剪辑元件,如图7-9所示,将"库"中的"文字1"影片剪辑元件拖到场景中,如图7-10所示。

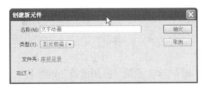

图7-9　创建"文字动画"影片剪辑元件

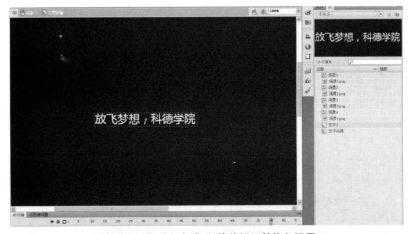

图7-10　将"文字1"影片剪辑元件拖入场景

09 分别选择"图层1"的第20帧、第60帧和第80帧，依次按F6键插入关键帧，时间轴的面板效果如图7-11所示。

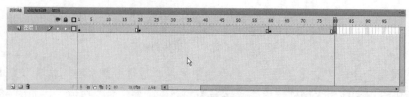

图7-11 插入关键帧1

添加滤镜效果

10 选择"工具箱"中的"选择工具"，选择第20帧和第60帧中的元件，为这两帧分别添加"投影"滤镜效果，如图7-12（a）所示，并设置其"投影"滤镜的参数，如图7-12（b）所示。

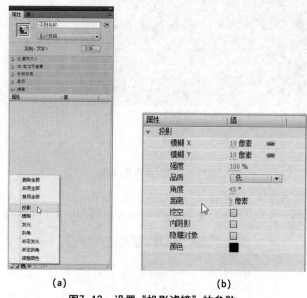

（a）　　　　　　　（b）

图7-12 设置"投影滤镜"的参数

11 如果要观看滤镜效果❷，可按Ctrl+J组合键在"文档设置"对话框中暂时将背景色修改为"白色"，得到的效果如图7-13所示。

图7-13 元件效果

12 分别选择"图层1"的第1帧和第60帧右击，在弹出的菜单中选择"创建传统补间"命令，如图7-14所示。

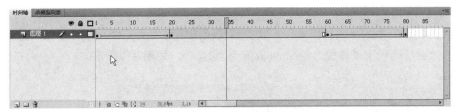

图7-14　创建传统补间1

13 选择"插入">"新建元件"命令，创建一个名为"场景动画"的影片剪辑元件，如图7-15
所示。

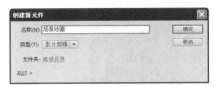

图7-15　创建"场景动画"影片剪辑元件

14 将"库"中的"场景1"图片元件拖入场景，调整图片，使其与舞台的中央对齐，选择第
160帧，按F5键插入帧，将其延长，如图7-16所示。

图7-16　将"场景1"图片元件拖入场景

15 新建"图层2"，选择第10帧，按F7键插入空白关键帧，如图7-17所示。

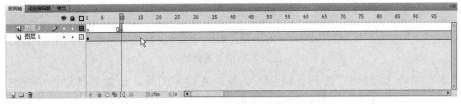

图7-17　插入关键帧2

16 将"库"中的"场景2"图形元件拖入场景，调整图片，使其与舞台的中央对齐，选择第30帧，按F6键插入关键帧，如图7-18所示。

17 选择"工具箱"中的"选择工具"，选择第10帧的场景中的元件，在"属性"面板中设置"色彩效果"选项下"样式"的Alpha数值为"0％"，如图7-19所示。

图7-18 将"场景2"图形元件拖入场景　　　　　　图7-19 设置图形属性

创建传统补间

18 选择第10帧右击鼠标，在弹出的菜单中选择"创建传统补间"命令，如图7-20所示。

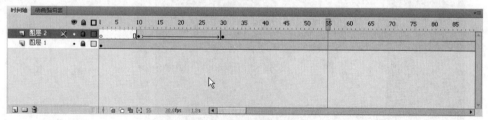

图7-20 创建传统补间2

19 新建"图层3"，选择第55帧，按F7键插入空白关键帧，如图7-21所示。

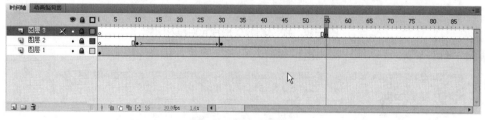

图7-21 插入关键帧3

20 将"库"中的"场景3"图形元件拖入场景，并调整图片，使其与舞台的中央对齐，如图7-22所示，选择第75帧，按F6键插入关键帧。

图7-22　将"场景3"图形元件拖入场景

21 选择"工具箱"中的"选择工具"，选择第55帧场景中的元件，在"属性"面板中设置"色彩效果"选项下"样式"的Alpha数值为"0%"，如图7-23所示。

图7-23　设置"颜色"样式下的Alpha数值

22 选择第55帧右击鼠标，在弹出的菜单中选择"创建传统补间"命令，创建出的补间动画如图7-24所示。

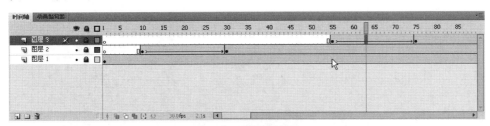

图7-24　创建传统补间3

23 新建"图层4",在第95帧处按F7键插入空白关键帧,如图7-25所示。将"库"中的"场景4"图形元件拖入场景,并调整图片,使其与舞台的中央对齐,选择第120帧,按F6键插入关键帧,如图7-26所示。

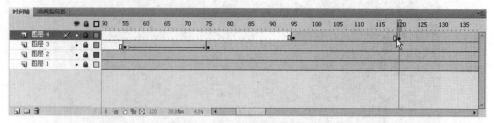

图7-25　在第95帧处插入关键帧

图7-26　将"场景4"图形元件拖入场景

24 选择"工具箱"中的"选择工具",选择第95帧场景中的元件,在"属性"面板中设置"色彩效果"选项下"样式"的Alpha数值为"0%",如图7-27所示。

图7-27　设置"颜色"样式

25 选择第95帧右击鼠标，在弹出的菜单中选择"创建传统补间"命令，如图7-28所示。

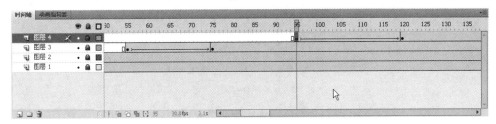

图7-28 创建传统补间4

26 新建"图层5"，选择第145帧，按F7键插入空白关键帧，如图7-29所示。将"库"中的"场景1"图形元件拖入场景中，并调整图片，使其与舞台的中央对齐，选择第160帧，按F6键插入关键帧，如图7-30所示。

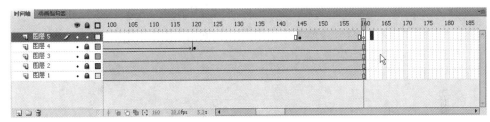

图7-29 插入关键帧4

图7-30 将"场景1"图形元件拖入场景

27 选择"工具箱"中的"选择工具"，选择第145帧场景中的元件，在"属性"面板中设置"色彩效果"选项下"样式"的Alpha数值为"0%"，如图7-31所示。

图7-31　设置"颜色"样式

28 选择第145帧右击鼠标，在弹出的菜单中选择"创建传统补间"命令，如图7-32所示。

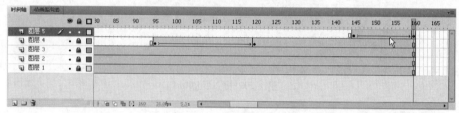

图7-32　创建传统补间5

29 选择"文件">"导入">"导入到库"命令，将"背景.jpg"素材图片导入到"库"中，并将其拖入主场景，利用"对齐"面板的相关命令使其位于整个主场景的正中心位置，如图7-33所示。

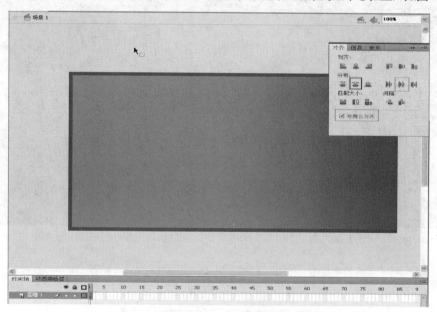

图7-33　设置"背景.jpg"与舞台中央对齐

30 新建"图层2"，将"库"中的"场景动画"影片剪辑元件拖入到场景中，调整其位置，效果如图7-34所示。

图7-34 将"场景动画"影片剪辑元件拖入舞台

31 新建"图层3"，将"库"中的"文字动画"影片剪辑元件拖入场景中，并调整其位置，效果如图7-35所示。

图7-35 将"文字动画"影片剪辑元件拖入"图层3"

32 按Ctrl+Enter组合键，测试影片，如图7-36所示。

图7-36 测试完成效果

知识点拓展

❶ 滤镜

在Flash CS5中，对象的滤镜效果共有7种，分别是"投影"、"模糊"、"发光"、"斜角"、"渐变发光"、"渐变斜角"和"调整颜色"，通过对对象添加滤镜，可以使其产生特殊的艺术效果，而且各滤镜操作具有较强的灵活性和可操作性，为后期的修改和再编辑带来便利。

在为对象添加滤镜效果时，单击"滤镜"面板的"添加滤镜" 按钮，在弹出的快捷菜单中选择相应的滤镜效果命令，如图7-37所示。

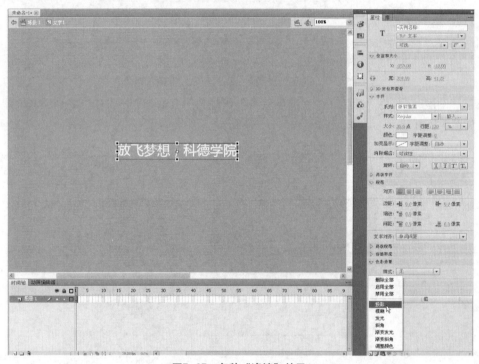

图7-37 各种"滤镜"效果

（1）"投影"滤镜

"投影"滤镜可以使选择对象产生阴影的效果，添加"投影"滤镜后，在"滤镜"面板中可以对阴影的大小、品质、颜色、角度、距离等进行设置，如图7-38所示。

- "模糊X"与"模糊Y"：用于设置阴影向四周模糊柔化的大小，"模糊X"表示水平方向，"模糊Y"表示垂直方向，右侧的小图标用于锁定输入的数值，锁定时改变其中的一个，另一个也受影响；单击右侧的小图标即可解除锁定，进行单独一个轴向参数的调整，如图7-39所示。

图7-38 添加"投影"滤镜时的"滤镜"面板

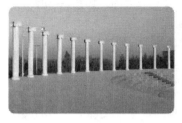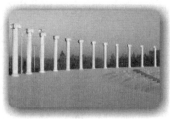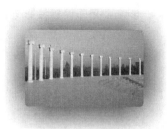

　（a）原始效果　　　　（b）"模糊X"与"模糊Y"均为30　（c）"模糊X"与"模糊Y"均为100

图7-39　不同的"模糊"参数时的效果

- 强度：用于设置投影表现的强度，数值越高，投影表现得越强，其对比效果越强烈，取值范围在0%～1000%之间，取数值为0%时，投影全部消失，如图7-40所示。

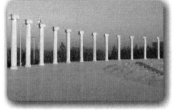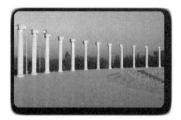

　（a）强度为"100%"　　　　（b）强度为"1000%"　　　　（c）强度为"0%"

图7-40　不同"强度"参数值时的效果

- 品质：用于设置投影的质量，质量越高，过滤越流畅，反之就越粗糙，包括"低"、"中"和"高"3个选项。

- 颜色：单击该处的色块，将弹出一个调色板，用于颜色设置，在其中可以直接选取一种颜色作为投影的颜色，如图7-41所示。

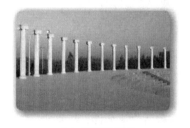

　（a）投影为红色　　　　　（b）投影为黄色　　　　　（c）投影为黑色

图7-41　不同投影颜色的效果

- 角度：用于设置投影的角度。可以直接输入数值，如图7-42所示。

图7-42　"滤镜"面板

● 距离：用于设置投影与对象本身的远近，其取值范围在−32～32之间，如图7-43所示。

角度	45度
距离	5像素

（a）

角度	3度
距离	−25像素

（b）

图7-43　不同的"角度"与"距离"的效果

● 挖空：用于将对象自身的形态删除，只保留其下的投影部分，删除的对象自身形态部分为透明显示，可以显示下一图层的内容。

● 内侧投影：用于在对象的内侧显示阴影。

● 隐藏对象：不显示对象本身，只显示阴影，如图7-44所示。

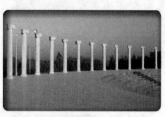

（a）默认设置　　　　（b）选中"挖空"复选框　　　（c）选中"内侧阴影"复选框

（d）选中"挖空"和"内侧阴影"复选框　　　（e）选中"隐藏对象"复选框

图7-44　选中不同选项时的效果

（2）为对象添加投影效果的方法

使用Flash CS5中的"投影"滤镜也可以制作投影文字，使用的前后效果如图7-45所示。

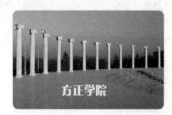

（a）添加"投影"滤镜前的效果　　　（b）添加"投影"滤镜后的效果

图7-45　添加"投影"滤镜前后的效果

① 选择"文件" > "打开"命令，打开"素材\模块07\知识点拓展\方正学院.fla"文件，如图7-46所示。

② 选择"窗口" > "属性" > "滤镜"命令，打开"滤镜"面板。

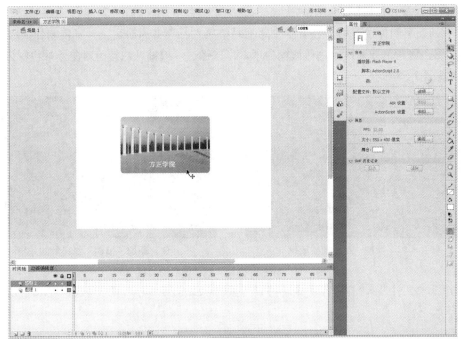

图7-46 打开"方正学院.fla"文件

③ 选择舞台中的文字"方正学院",然后在"滤镜"面板中单击左侧上方的"添加滤镜"按钮➕,在弹出的下拉菜单中选择"投影"命令,并在"滤镜"面板中设置参数,如图7-47所示。

④ 到此,投影文字制作完成,已为舞台中的"方正学院"文本添加了"投影"滤镜,其效果如图7-48所示。

图7-47 设置"投影"滤镜面板

图7-48 添加"投影"滤镜后的文本效果

(3)"模糊"滤镜

"模糊"滤镜可以使选择的对象产生模糊的效果,添加"模糊"滤镜后,在"滤镜"面板中可以对模糊的大小、品质进行设置,如图7-49所示。

图7-49 添加"模糊"滤镜时的"滤镜"面板

（4）为对象添加模糊效果的方法

在Flash动画制作过程中，经常制作动画对象飞入、飞出的动画，为了使制作的Flash动画真实、动感，经常需要对对象进行模糊处理，可以通过"模糊"滤镜为对象添加模糊效果，其前后效果如图7-50所示。

（a）添加"模糊"滤镜前的效果　　　　　　　（b）添加"模糊"滤镜后的效果

图7-50　添加"模糊"滤镜前后的效果

① 选择"文件"＞"打开"命令，打开"素材\模块07\知识点拓展\海底奇观.fla"文件，如图7-51所示。

图7-51　打开"海底奇观.fla"文件

② 选择"窗口"＞"属性"＞"滤镜"命令，打开"滤镜"面板。

③ 选中舞台中的文字"鱼"影片剪辑元件，然后在"滤镜"面板中单击左侧上方的"添加滤镜" ⊹ 按钮，在弹出的下拉菜单中选择"模糊"命令，并将"滤镜"面板中的"模糊X"与"模糊Y"均设为"50"，如图7-52所示，得到如图7-53所示的效果。

图7-52　"滤镜"面板

图7-53　添加"模糊"滤镜后的效果

④ 在动画制作过程中，经常需要进行水平方向或垂直方向的单独模糊，此时，只要在"滤镜"面板右侧中间的小锁处解除锁定并输入合适数值即可，如图7-54所示。

（a）水平模糊的效果显示

（b）垂直模糊的效果显示

图7-54　水平或垂直模糊后的效果

（5）"发光"滤镜

"发光"滤镜可以使选择的对象产生发光的效果，包括内发光和外发光，添加该滤镜后，在"滤镜"面板中可以对发光的大小、品质、颜色进行设置，如图7-55所示。

选中"内侧发光"复选框，用于在对象的内侧发光。

图7-55　添加"发光"滤镜时的"滤镜"面板

（6）为对象添加发光效果"内侧发光"复选框

使用"发光"滤镜为对象添加发光的前后效果如图7-56所示。

（a）添加"发光"滤镜前的效果

（b）添加"发光"滤镜后的效果

图7-56　添加"发光"滤镜前后的效果

① 选择"文件" > "打开"命令，打开"素材\模块07\知识点拓展\假日阳光.fla"文件，如图7-57所示。

图7-57 打开"假日阳光.fla"文件

② 选择"窗口" > "属性" > "滤镜"命令，打开"滤镜"面板。

③ 选择舞台中的文字"太阳"影片剪辑元件，然后在"滤镜"面板中单击左侧上方的"添加滤镜" 🕀 按钮，在弹出的下拉菜单中选择"发光"命令，并设置相应参数，如图7-58所示，得到如图7-59所示的效果。

（7）"斜角"滤镜

"斜角"滤镜可以使选择的对象产生立体浮雕的效果，添加"斜角"滤镜后，在"滤镜"面板中可以对斜角的大小、品质、角度等进行设置，以及对斜角后产生的阴影和亮部的颜色、距离等进行设置，如图7-60所示。

图7-58 "滤镜"面板

图7-59 添加"发光"滤镜后的效果

图7-60 添加"斜角"滤镜后的"滤镜"面板

- "阴影"与"加亮显示"：默认时为黑色与白色，用于设置斜角后的阴影和亮部的颜色，如图7-61所示。

（a）"阴影"为黑色　　　　　　（b）"阴影"为红色　　　　　　（c）"阴影"为蓝色

"加亮显示"为白色　　　　　　　"加亮显示"为绿色　　　　　　"加亮显示"为黄色

图7-61　不同的"阴影"与"加亮显示"颜色时的效果

- 类型：在弹出的下拉列表中设置斜角的类型，共有3种类型，"内侧"选项用于向内斜角；"外侧"选项用于向外斜角；而"全部"选项则是向内和向外同时斜角，如图7-62所示。

　　内侧　　　　　　　　　　　外侧　　　　　　　　　　　全部

图7-62　不同的"类型"选项的效果

（8）为对象添加斜角效果的方法

使用"斜角"滤镜为对象添加斜角的前后效果，如图7-63所示。

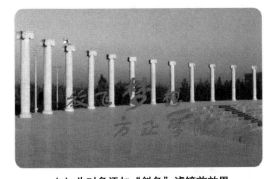 

（a）为对象添加"斜角"滤镜前效果　　　　　（b）为对象添加"斜角"滤镜后效果

图7-63　对象添加"斜角"滤镜的前后效果

① 选择"文件">"打开"命令，打开"素材\模块07\知识点拓展\放飞梦想.fla"文件，如图7-64所示。

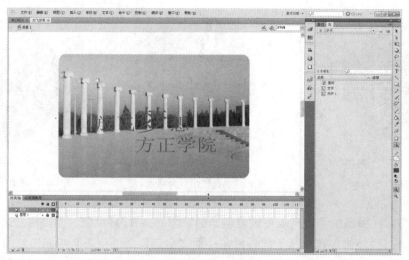

图7-64　打开"放飞梦想.fla"文件

② 选择"窗口">"属性">"滤镜"命令，打开"滤镜"面板。

③ 选择舞台中的"文字"影片剪辑元件，然后在"滤镜"面板中单击左侧上方的"添加滤镜" ✚ 按钮，在弹出的下拉菜单中选择"斜角"命令，并在"滤镜"面板中设置"模糊X"与"模糊Y"均为"5"，强度为"100%"，类型为"外侧"，如图7-65所示，得到如图7-66所示的效果。

图7-65　"滤镜"面板

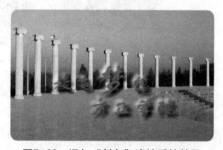

图7-66　添加"斜角"滤镜后的效果

（9）"渐变发光"滤镜

"渐变发光"滤镜不仅可以使选择的对象产生发光效果，而且还可以以渐变的方式进行发光颜色的设置，添加该滤镜前后的效果如图7-67所示。

（a）添加"渐变发光"滤镜前的效果

（b）添加"渐变发光"滤镜后的效果

图7-67　添加"渐变发光"滤镜前后的效果

① 选择"文件">"打开"命令，打开"素材\模块07\知识点扩展\假日阳光.fla"文件，如图7-68所示。

图7-68 打开"假日阳光.fla"文件

② 选择"窗口">"属性">"滤镜"命令，打开"滤镜"面板。

③ 选择舞台中的文字"太阳"影片剪辑元件，然后在"滤镜"面板中单击左侧上方的"添加滤镜" ➕ 按钮，在弹出的下拉菜单中选择"渐变发光"命令，并设置相应参数，如图7-69所示，得到如图7-70所示的效果。

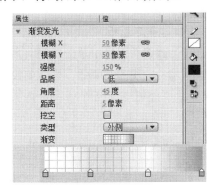

图7-69 "滤镜"面板　　图7-70 添加"渐变发光"滤镜后的效果

（10）"渐变斜角"滤镜

"渐变斜角"滤镜可以产生一种凸起的效果，使对象看起来好像从背景上凸起，与"斜角"滤镜相似，只是斜角表面有渐变颜色，添加"渐变斜角"滤镜后，在"滤镜"面板中可以对斜角的大小、品质、颜色、角度、距离等属性进行设置，效果对比如图7-71所示。

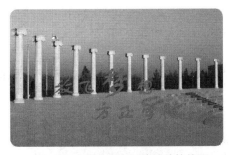

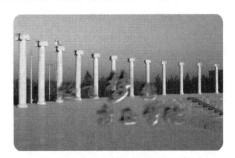

（a）添加"渐变斜角"滤镜前的效果　　（b）添加"渐变斜角"滤镜后的效果

图7-71 添加"渐变斜角"滤镜前后的效果

① 选择"文件">"打开"命令，打开"素材\模块07\知识点拓展\放飞梦想.fla"文件，如图7-72所示。

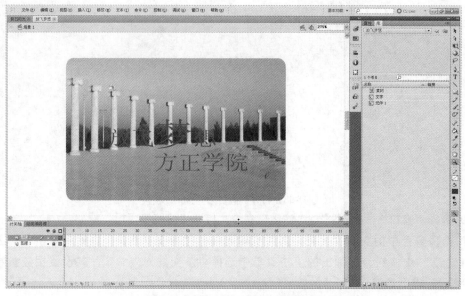

图7-72　打开"放飞梦想.fla"文件

② 选择"窗口">"属性">"滤镜"命令，展开"滤镜"面板。

③ 选择舞台中的"文字"影片剪辑元件，然后在"滤镜"面板中单击左侧上方的"添加滤镜" 按钮，在弹出的下拉菜单中选择"渐变斜角"命令，并在"滤镜"面板中设置"模糊X"与"模糊Y"均为"5"，强度为"150%"，类型为"外侧"，距离为"3"，其他数值默认，如图7-73所示，得到的效果如图7-74所示。

图7-73　"滤镜"面板

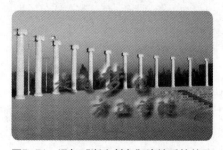

图7-74　添加"渐变斜角"滤镜后的效果

（11）"调整颜色"滤镜

"调整颜色"滤镜可以调整所选影片的剪辑元件、按钮或者文本对象的亮度、对比度、色相和饱和度，添加该滤镜后的面板如图7-75所示。

• 亮度：用于调整选择对象的明亮程度，向左拖动可以使对象变暗，向右则变亮，取值范围为−100～100。

• 对比度：用于调整选择对象的对比度，取值范围为−100～100。

• 饱和度：用于调整选择对象颜色的强度，取值范围为−100～100。

• 色相：用于调整颜色的深浅，取值范围为−180～180。

• 重置 按钮：单击该按钮，可以把所有的颜色参数调整重置为0，使对象恢复原来的状态。

（12）调整对象颜色效果的方法

通过"调整颜色"滤镜可以更改颜色属性，添加前后的效果如图7-76所示。

（a）添加"调整颜色"滤镜前的效果 （b）添加"调整颜色"滤镜后的效果

图7-75 "滤镜"面板 　　图7-76 添加"调整颜色"滤镜前后的效果

① 选择"文件">"打开"命令，打开"素材\模块07\知识点拓展\海底奇观.fla"文件，如图7-77所示。

图7-77 打开"海底奇观.fla"文件

② 选择"窗口">"属性">"滤镜"命令，打开"滤镜"面板。

③ 选择舞台中的文字"鱼"影片剪辑元件，然后在"滤镜"面板中单击左侧上方的"添加滤镜" ✚ 按钮，在弹出的下拉菜单中选择"调整颜色"命令，并在"滤镜"面板中设置相关参数，如图7-78所示，得到的效果如图7-79所示。

图7-78 "滤镜"面板 　　　　图7-79 添加"调整颜色"滤镜后的效果

❷ 调整滤镜效果及滤镜设置

（1）滤镜效果的排序

添加滤镜，在"滤镜"面板的列表中以从上向下的顺序进行排列，用户也可以根据需要将添加的滤镜进行重新排序，同样的滤镜，如果改变其上下的排列次序，所产生的效果也不同，一次只能进行一个滤镜位置的调整。

滤镜排序操作与图层的排序类似，首先选择需要进行排序的滤镜，然后将其拖动到适当的位置，拖动时光标显示为 ↖□，且显示一条蓝线，最后释放鼠标完成操作，如图7-80所示。

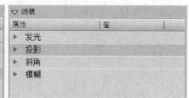

（a）排序前的滤镜　　　　　　（b）拖动时的滤镜　　　　　　（c）排序后的滤镜

图7-80　滤镜的排序过程

（2）滤镜效果的排序方法

滤镜效果的排序操作十分简单，排列次序不同，其显示的效果也会不同，如图7-81所示。

（a）排序滤镜前的效果　　　　　　（b）排序滤镜后的效果

图7-81　排序滤镜前后的效果

① 选择"文件" > "打开"命令，打开"素材\模块07\知识点拓展\方正学院.fla"文件，如图7-82所示。

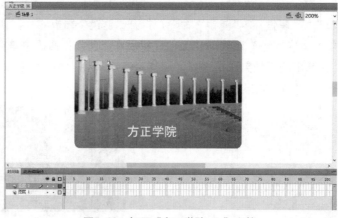

图7-82　打开"方正学院.fla"文件

② 选择"窗口">"属性">"滤镜"命令，打开"滤镜"面板。为其添加3个滤镜，从上向下依次是"投影"、"发光"和"斜角"，如图7-83所示，效果如图7-84所示。

图7-83　添加各种滤镜

图7-84　添加各种滤镜后的效果

③ 在滤镜列表中选择"斜角"滤镜，然后将其拖动到"投影"的上面，此时光标显示为 ，并且在"投影"的上面会出现一条蓝线，如图7-85所示，调整后得到的效果如图7-86所示。

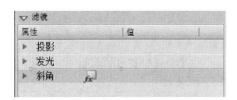

图7-85　调整滤镜顺序时的显示

图7-86　进行滤镜排序后的效果1

④ 在"滤镜"面板的滤镜列表中，将"发光"滤镜拖动到"投影"的上面，如图7-87所示。

⑤ 此时，在舞台中将"发光"滤镜调整到"投影"滤镜上方后的效果如图7-88所示。

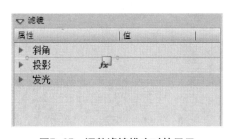

图7-87　调整滤镜排序时的显示

图7-88　进行滤镜排序后的效果2

（3）启用、禁用滤镜效果

在动画制作过程中，如果暂时不想使用某个或多个滤镜的效果，但又不想将其删除时，可以在"滤镜"面板左侧的列表中进行启用与禁用滤镜的快速切换。

- 启用或禁用单个滤镜：在"滤镜"面板右侧的列表中，选中某个滤镜命令，单击左下方的启动或禁用滤镜 👁 图标，这时滤镜命令显示为红色✕，表示暂时不使用该滤镜；再次单击即可启用该滤镜，如图7-89所示。
- 按住Alt键的同时启用或禁用滤镜：在"滤镜"面板左侧的列表中，在按住Alt键的同时单击某个滤镜，可以使其他滤镜后面显示红色✕，表示暂时不使用其他滤镜；再次单击即可启用其他滤镜，如图7-90所示。

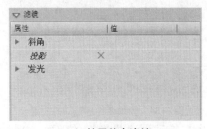
（a）禁用单个滤镜

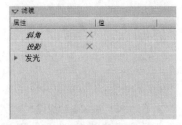
（b）启用单个滤镜

图7-89　启用或禁用单个滤镜

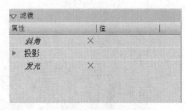
（a）按Alt键禁用滤镜

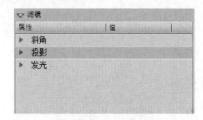
（b）按Alt键启用滤镜

图7-90　按Alt键启用或禁用滤镜

- 启用或禁用全部滤镜：在"滤镜"面板中，单击左侧下方的"添加滤镜" 🔳 按钮，在弹出的下拉菜单中选择"启用全部"或"禁用全部"命令，即可将所有滤镜启用或禁用，如图7-91所示。

（a）

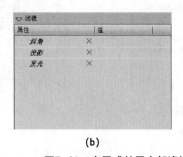
（b）

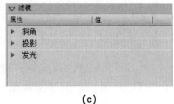
（c）

图7-91　启用或禁用全部滤镜

（4）预设编辑的滤镜效果

除了可以对滤镜进行启用、禁用和排序外，还可以将设置好的滤镜保存，以便以后的使用，以及对其进行重命名、删除等操作。在"滤镜"面板中单击左侧上方的"添加滤镜" 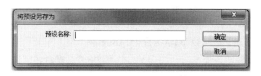 按钮，在弹出的下拉菜单中选择"预设"命令中的相关命令进行设置，如图7-92所示。

（5）滤镜的保存

"另存为"命令就是保存已经设置完成的所有滤镜，且滤镜的排列顺序保持不变。单击该命令，弹出一个用于设置名称的"将预设另存为"对话框，如图7-93所示。

图7-92　"预设"下拉菜单

图7-93　"将预设另存为"对话框

保存完成后，在以后的操作中如果再有类似的滤镜设置，就不必进行设置，直接调用已设置完成的预设即可，如果将"预设名称"选项设置为"01"，那么"预设"命令在下方会显示其名称，如图7-94所示。

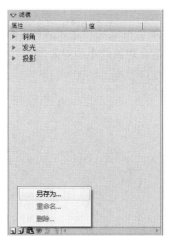

图7-94　保存滤镜前后的显示

（6）预设滤镜的重命名

"重命名"命令是相对于预设滤镜而言的，用于对保存的滤镜名称进行重新命名，如果没有滤镜保存，那么该项为灰色，即不可用状态。

单击该命令后，弹出"重命名预设"对话框，如图7-95所示，快速双击选择的预设滤镜，输入相关文字后，单击下面的 重命名 按钮或按Enter键，即可完成重命名操作。

图7-95   "重命名预设"对话框

将预设的滤镜重命名之后，弹出的滤镜命令也会发生相应改变，如图7-96所示。

（a）默认保存的预设名称   （b）重命名的预设名称

图7-96   重命名预设滤镜前后的显示

（7）滤镜的删除

"删除"命令是相对于保存滤镜而言的，如果没有保存滤镜，那么该选项为灰色，即不可用状态。

单击该命令后，弹出"删除预设"对话框，如图7-97所示，选择其中需要删除的预设滤镜名称，单击下面的"删除"按钮，即可完成删除操作。

在"删除预设"对话框中，在按住Shift键的同时单击可以进行连续选择，在按住Ctrl键的同时单击可以进行不连续选择。另外，"删除"操作不会对舞台中的对象产生任何影响。

选择"删除"命令后，弹出的滤镜命令也会发生相应改变，如图7-98所示。

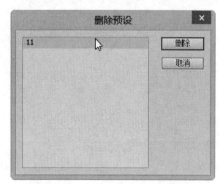

图7-97   "删除预设"对话框

（a）删除前的预设名称   （b）删除后的预设名称

图7-98   删除预设滤镜前后的显示

独立实践任务

任务 2 运用时间轴特效动画制作网站产品介绍

任务背景	任务要求
苹果公司近日推出了新产品，为了配合新产品的市场宣传，要求网站设计师将公司网站上的产品进行更新。	新产品的展示图片要有一定的效果，突出新产品的不同，给浏览者留下与众不同的视觉印象。

【技术要领】时间轴特效。

【解决问题】图片特效的制作。

【素材来源】素材\模块07\独立实践任务。

任务分析

_____

_____

_____

主要制作步骤

_____

_____

_____

_____

职业技能知识点考核

1．多项选择题

（1）将位图转换为矢量图有（　　）方法。

A. 打散

B. 转换位图为矢量图的命令

C. 组合

D. 重新描绘

（2）Flash中有（　　）类型的文本。

A. 静态文本　　　B. 动态文本　　　　C. 交互文本　　　　D. 输入文本

2．判断题

（1）Flash制作出的动画体积非常大，不适合于有限的网络传输速度。（　　）

（2）工具箱又称工具栏，是Flash中用来存放绘图工具的场所。（　　）

（3）Flash不但支持音频，而且支持视频。（　　）

（4）时间线由帧构成，不同的帧对应不同的场景。（　　）

Adobe Flash CS5

模块 08

制作简单的交互动画

　　本模块主要引导学生掌握 Flash 按钮的制作方法和使用技巧，通过制作按钮，理解"人机交互"的理念和重要性，学会使用"按钮"让 Flash 作品具有交互性。

能力目标

1. 能够制作按钮
2. 能够为按钮添加声音
3. 能够为按钮添加简单的动作❸

学时分配

8 课时（讲课 4 课时，实践 4 课时）

知识目标

1. 理解"按钮元件"❶的概念
2. 理解按钮的 4 种状态❷
3. 了解"动作面板"的概念
4. 了解"Action Script 语言"❻
5. 理解"帧标签"的含义

模拟制作任务

任务 1 制作"四季变化"跳转播放按钮

任务背景

在旅游旺季来临之际，某旅游网站为了做好宣传工作，希望网站设计师能用Flash动画短片的形式表现出某旅游景点四季的优美风景，完成效果如图8-1所示。

图8-1 完成效果

任务要求

以旅游景点的四季风景图片为主题，浏览者可根据不同的需求来选择不同季节的风景图片。画面要求变化自然、优美，具备引人入胜的效果。

重点、难点

1．按钮的制作。
2．为按钮添加动作。
3．为图片添加淡入淡出效果。

【技术要领】矩形工具、文本工具、Action语言。
【解决问题】制作跳转按钮播放动画。
【应用领域】个人网站；企业网站。
【素材来源】模块08\素材\练习网站\main.html。

任务分析

平时浏览网站的时候，在网站的Flash宣传动画作品中可以经常看到利用按钮控制画面变化的效果，这都是"按钮"动画的功劳，因此，本任务可以使用跳转按钮实现动画的形式表现。

操作步骤

创建文档

01 启动Flash CS5，按Ctrl+N组合键打开"新建文档"对话框，在"常规"选项中选择"Flash文件（Action Script 2.0）"选项，新建一个空白文档。按Ctrl+J组合键修改文档设置，如图8-2所示。

图8-2 "文档设置"对话框

> **? 注意**
>
> 虽然Action Script 3.0比Action Script 2.0具有更多优越性，但在Action Script 3.0中不能直接给"按钮"赋予动作，对于初学Flash没有编程基础的同学来说具有一定难度，因此建议初学者先使用Action Script 2.0进行相关"动作"赋予的练习。

02 选择"文件">"导入">"导入到舞台"命令，导入图片"素材\模块08\任务1\背景.jpg"到舞台，调整位置使其与舞台中心对齐，如图8-3所示。

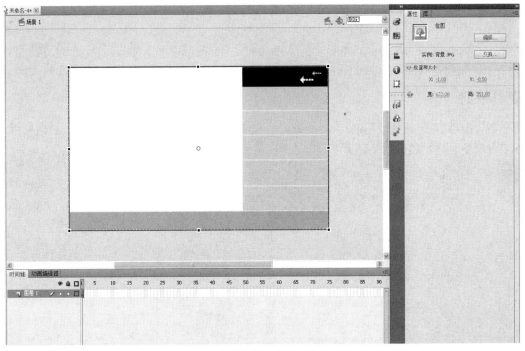

图8-3 将背景图片导入"库"中后拖入舞台

创建按钮

03 选择"插入">"新建元件"命令，弹出"创建新元件"对话框，新建一个名为"按钮—春"的按钮，如图8-4所示。单击"确定"按钮，进入按钮元件编辑场景，如图8-5所示。

04 选择"文件">"导入">"导入库"命令，导入"素材\模块08\任务1\春.png、夏.png、秋.png、冬.png"到"库"中，如图8-6所示。

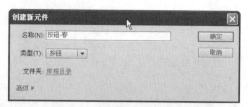

图8-4　"创建新元件"对话框

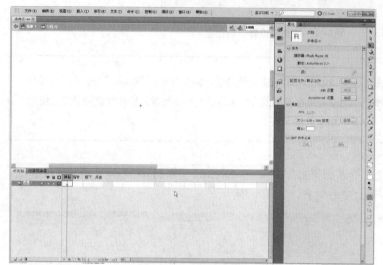

图8-5　按钮元件编辑场景

图8-6　将素材导入到"库"中

制作按钮

05 新建"图层2"，选择"图层1"的"弹起"帧将"库"中的图片"春.png"拖入到场景中，并将其宽、高的数值均设置为"24"，同时使其位于整个舞台的中心位置，如图8-7所示。

06 选择"图层1"的"指针经过"帧，按F6键插入关键帧，如图8-8所示。

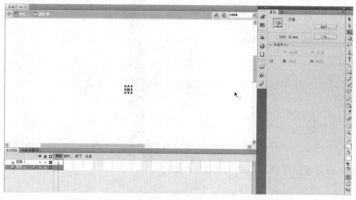

图8-7　将"库"中的"春.png"拖入到场景中

图8-8　插入关键帧1

07 选择"工具箱"中的"矩形工具"，在舞台中绘制一个宽为"203"、高为"50"的矩形，X轴为"-27.3"、Y轴为"-29.1"，填充色为"白色"，为了方便观看，可以暂时把舞台的颜色更改为黑色，如图8-9所示。

08 选择"图层2"的"指针经过"帧，按F7键插入空白关键帧，如图8-10所示。

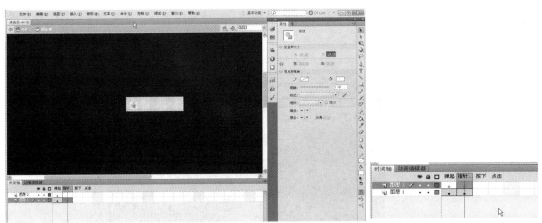

图8-9　绘制矩形　　　　　　　　　　　　　　图8-10　插入空白关键帧1

09 在舞台中输入字体为"Arial"、字号为"20"、颜色为"黑色"的文本"Spring"，X轴、
　　Y轴分别设置为"20.0"、"-13.4"，如图8-11所示。

10 选择"图层1"的"按下"帧，按F6键插入关键帧，如图8-12所示。

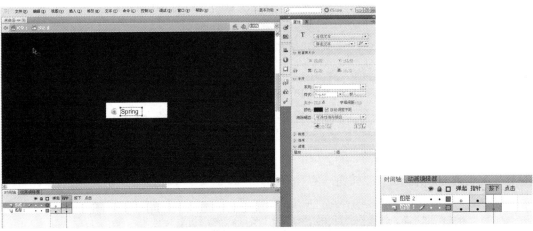

图8-11　输入文字　　　　　　　　　　　　　　图8-12　插入关键帧2

11 在"属性"面板中，设置舞台中矩形的大小和位置，如图8-13所示。

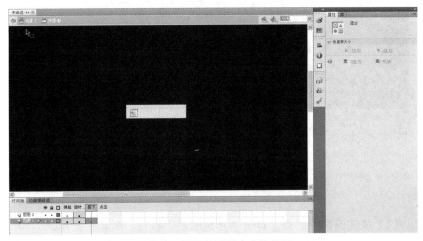

图8-13　设置矩形的大小和位置

12 选择"图层2"的"按下"帧，按F6键插入关键帧，如图8-14所示。并将文本的颜色修改为 "橙色"，如图8-15所示。

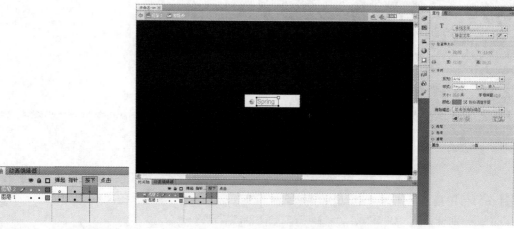

图8-14　插入关键帧3　　　　　　　　　　　　图8-15　修改文本的颜色

13 选择"图层2"的"点击"帧，按F7键插入空白关键帧，如图8-16所示。

图8-16　插入空白关键帧2

14 选择"工具箱"中的"矩形工具"，绘制一个任意颜色的矩形，并在"属性"面板中设置 大小和位置。选择"图层1"的"点击"帧，按F5插入帧，如图8-17所示。"按钮－春"制 作完成。

15 按照上述方法，分别进行"按钮－夏"、"按钮－秋"、"按钮－冬"的制作。

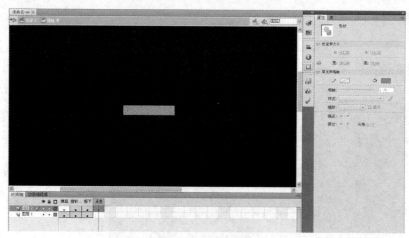

图8-17　绘制矩形

编辑场景

16 单击"场景1"按钮返回主场景。单击"新建图层"按钮，新建"图层2"，并将其重命名 为"button"，分别将"库"中制作好的"按钮－春"、"按钮－夏"、"按钮－秋"、

"按钮—冬"按钮拖入场景中，选中第60帧，按F5键插入关键帧，如图8-18所示。

17 新建"图层3"，并将其重命名为"图片"。选择"文件">"导入">"导入到库"命令，将"素材\模块08\任务1\春.jpg、夏.jpg、秋.jpg、冬.jpg"导入到"库"中，如图8-19所示。

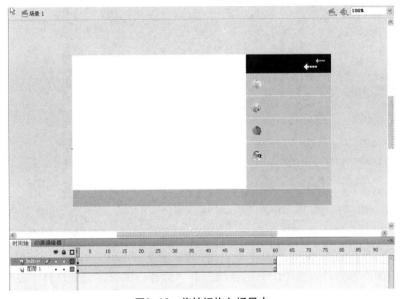

图8-18 将按钮拖入场景中

图8-19 将"春.jpg、
夏.jpg、秋.jpg、冬.jpg"
导入到"库"中

18 选择"图片"图层的第1帧，将"库"中的"春.jpg"拖入场景中，按F8键，打开"转换为元件"对话框，将其转换为名为"春"的图形元件。按Ctrl+K组合键打开"对齐"面板，分别选择"左对齐"和"上对齐"命令，使图片位于合适的位置，如图8-20所示。

图8-20 将"库"中的"春.jpg"拖入场景

19 选择"图片"图层的第14帧，按F6键插入关键帧，选择"图片"图层的第15帧，按F7键插入空白关键帧，将"库"中的"夏.jpg"拖入场景，按F8键，打开"转换为元件"对话框，将其转换为名为"夏"的图形元件。按Ctrl+K组合键打开"对齐"面板，分别选择"左对齐"和"上对齐"命令，使图片位于合适的位置，如图8-21所示。

图8-21 将"库"中的"夏.jpg"拖入场景

20 选择"图片"图层的第29帧，按F6键插入关键帧。选择"图片"图层的第30帧，按F7键插入空白关键帧，将"库"中的"秋.jpg"拖入场景，按F8键，打开"转换为元件"对话框，将其转换为名为"秋"的图形元件。按Ctrl+K组合键打开"对齐"面板，分别选择"左对齐"和"上对齐"命令，使图片位于合适的位置，如图8-22所示。

图8-22 将"库"中的"秋.jpg"拖入场景

21 选择"图片"图层的第44帧，按F6键插入关键帧。选择"图片"图层的第45帧，按F7键插入空白关键帧，将"库"中的"冬.jpg"拖入场景，按F8键，打开"转换为元件"对话框，将其转换为名为"冬"的图形元件。按Ctrl+K组合键，打开"对齐"面板，分别选择"左对齐"、"上对齐"命令，使图片位于合适的位置，选择"图片"图层的第60帧，按F6键插入关键帧，如图8-23所示。

图8-23 将"库"中的"冬.jpg"拖入场景

22 选中"图片"图层第1帧中的"春"图片，在"属性"面板中将"色彩效果"选项下的Alpha数值更改为"19%"，如图8-24所示。选中第1帧右击鼠标，在弹出的菜单中选择"创建传统补间"命令，如图8-25（a）所示，效果如图8-25（b）所示。

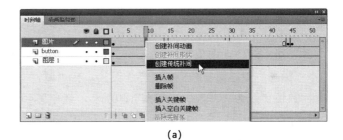

图8-24 修改Alpha数值1   图8-25 创建传统补间1

23 选中"图片"图层第15帧中的"夏"图片，在"属性"面板中，将"色彩效果"选项下的Alpha数值设置为"9%"，如图8-26所示。选中第15帧右击鼠标，在弹出的菜单中选择"创建传统补间"命令，结果如图8-27所示。

图8-26　修改Alpha数值2

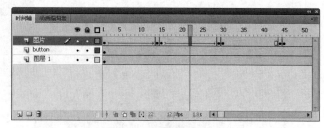

图8-27　创建传统补间2

24 选中"图片"图层第30帧中的"秋"图片，在"属性"面板中，将"色彩效果"选项下的Alpha数值设置为"20%"，如图8-28所示。选中第30帧右击鼠标，在弹出的菜单中选择"创建传统补间"命令，结果如图8-29所示。

图8-28　修改Alpha数值3

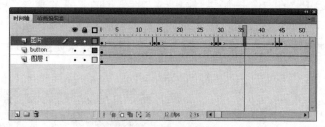

图8-29　创建传统补间3

25 选中"图片"图层第45帧中的"冬"图片，在"属性"面板中，将"色彩效果"选项下的Alpha数值更改为"20%"，如图8-30所示。选中第45帧右击鼠标，在弹出的菜单中选择"创建传统补间"命令，结果如图8-31所示。

图8-30　修改Alpha数值4

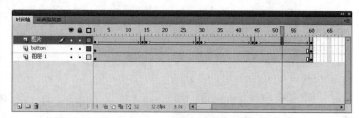

图8-31　创建传统补间4

添加"动作"

26 选择"图片"图层的第14帧，单击右键，并在弹出的菜单中选择"动作"命令，如图8-32

所示，在"动作"对话框中输入"stop（）："，如图8-33所示。

图8-32　选择"动作"命令1

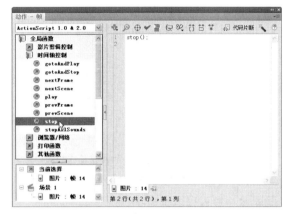

图8-33　输入"stop（）："

27 分别选择第29、44、60帧，执行同样的命令，时间轴效果如图8-34所示。

28 选择"button"图层的"按钮-春"右击鼠标，在弹出的菜单中选择"动作"命令，如图8-35所示，在"动作"对话框中输入以下语句：

on （release）{

gotoAndPlay（1）：

}

如图8-36所示。

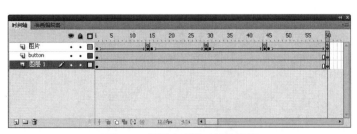

图8-34　设置完后的时间轴效果

图8-35　选择"动作"命令2

图8-36　在动作面板中输入相应命令1

29 选择"button"图层的"按钮－夏"右击鼠标，在弹出的菜单中选择"动作"命令，在"动作"对话框中输入以下语句：

on（release）{

gotoAndPlay（15）：

}

如图8-37所示。

图8-37　在动作面板中输入相应命令2

30 选择"button"图层的"按钮－秋"右击鼠标，在弹出的菜单中选择"动作"命令，在"动作"对话框中输入以下语句：

on（release）{

gotoAndPlay（30）：

}

如图8-38所示。

图8-38 在动作面板中输入相应命令3

31 选择"button"图层的"按钮-冬"右击鼠标，在弹出的菜单中选择"动作"命令，在"动作"对话框中输入以下语句：

on （release）{

gotoAndPlay（45）：

}

如图8-39所示。

32 按Ctrl+Enter组合键测试影片，得到如图8-40所示的效果。

图8-39 在动作面板中输入相应命令4

图8-40 测试完成效果

知识点拓展

❶ 按钮元件

　　按钮是一种特殊的元件类型，起桥梁作用，在动画中使用按钮元件可以实现动画与用户的交互，当创建一个按钮元件时，Flash会创建一个拥有4帧的时间轴，分别为"弹起"、"指针经过"、"按下"和"点击"，如图8-41所示，前3帧显示鼠标弹起、指针经过、按下时的3种状态，第4帧定义按钮的活动区域。时间轴实际上并不播放，它只是对指针运动和动作做出反应，跳到相应的帧。

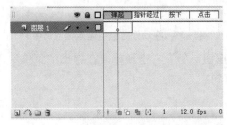

图8-41　按钮元件的"时间轴"面板

❷ 按钮的4种状态

　　（1）"弹起"帧

按钮一开始呈现的状态即为"弹起"状态（鼠标尚未盘旋其上），如图8-42所示。

　　（2）"指针经过"帧

当鼠标指针盘旋在按钮之上时，按钮显现的状态，如图8-43所示。

　　（3）"按下"帧

当浏览者在按钮上按下鼠标时，按钮显现的状态，如图8-44所示。

图8-42　"弹起"状态　　　　图8-43　"指针经过"状态　　　　图8-44　"按下"状态

　　（4）"点击"帧

定义响应鼠标事件的区域，此区域在SWF文件中不可见，如图8-45所示。

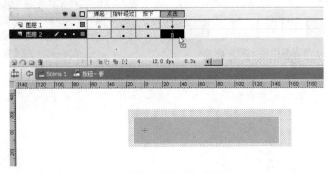

图8-45　"点击"状态

❸ 为按钮添加简单的动作

为按钮添加动作的具体方法如下。

（1）选中按钮，右击鼠标，在弹出的菜单中选择"动作"命令，如图8-46所示。

（2）在"动作"命令面板中单击 ➕ 按钮，选择命令，如图8-47所示。在右边输入欲链接的网址，或是E-mail信箱。如果链接网页，一开始添加"http：//"，例如http://www.xbook.com.tw/（中间不含有任何空格），如图8-48所示。如果打开一处空白的E-mail，一开始要加入"mailto:"，例如mailto:service@mail.xbook.com.tw（中间不含有任何空格）。至于其他选项，可以都不加以设定，单击"确定"按钮即可。

图8-46　选择"动作"命令　　　　　　　　　　图8-47　"动作"命令

❹ 加入音效

（1）打开"素材\模块08\任务1\按钮.fla"，选择"文件"＞"导入"＞"导入到库"命令，将"素材\模块08\按钮音效.wav"导入到"库"中，如图8-49所示。

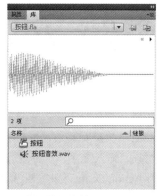

图8-48　输入链接的网址　　　　　图8-49　将"按钮音效.wav"导入到"库"

（2）选择"图层2"的"按下"帧，在"属性"面板中的"声音"下拉菜单中选择"按钮音效.wav"，如图8-50所示。

（3）因为音效文件是隐形的、无形体的，但是在时间轴中可以看到一段声波出现，如图8-51所示。

图8-50 "属性"面板

图8-51 时间轴中的声波

❺ 测试按钮互动与超链接能力

（1）测试按钮互动

按Ctrl+Enter组合键，导出一个.swf格式的影片，以观察按钮的互动反应。试着将鼠标表面上盘旋，并且单击，以观察它是否能够正确反应，如图8-52所示。

（2）测试按钮的超链接功能

按钮的超链接功能无法在Flash环境中测试，必须启动浏览器来确认链接是否成功，如图8-53所示。

图8-52 测试按钮互动

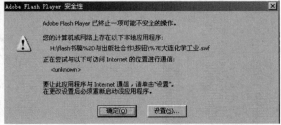

图8-53 在Flash环境中无法测试按钮的超链接功能

❻ "动作"（Actions）的意义

为了提高动画与用户之间的交互性，Flash以Action Script程序提供更完整制作交互性多媒体动画的功能，用户能够通过鼠标和键盘，让动画播放、停止、跳到动画某个部分，或是移动动画中的对象、输入文字、玩游戏等。

使用Action Script可以控制Flash动画中的对象，创建导航元素和交互元素，扩展Flash创作交互动画和网络应用的能力。Action Script由不同类型的元素组成，例如运算符、动作和对象等。将这些元素编写在一起，即构成脚本。用户可以对影片进行设置，通过事件触发脚本，然后由脚本控制影片要执行的操作。事件分为键盘事件、鼠标事件、影片剪辑事件和帧事件4种。

独立实践任务

任务 2　制作按钮

任务背景	任务要求
大连化学工业的宣传网站展现了大连化学工业在大连举足轻重的地位，网站设计人性化，为浏览者提供了不同版本的跳转按钮，以迅速满足不同用户的浏览需求。	以所给出的"大连化学工业.swf"文件中的按钮为例，要求功能上、形式上要与其完全一致，色彩方面可根据自己的喜好进行设置。

【技术要领】椭圆工具、文本工具、时间轴特效。

【解决问题】圆形按钮效果绘制。

【素材来源】素材\模块08\大连化学工业.swf。

任务分析

主要制作步骤

职业技能知识点考核

1. 单项选择题

（1）Flash内嵌的脚本程序是（ ）。

A. Action Script   B. VBScript   C. JavaScript   D. JScript

（2）按钮元件有（ ）帧。

A. 3   B. 4   C. 5   D. 6

2. 判断题

（1）时间线由帧构成，不同的帧对应了不同的场景。（ ）

（2）作为发布过程的一部分，Flash将自动执行某些电影优化操作。（ ）

Adobe Flash CS5

模块 09

制作3D动画

　　本模块主要引导学生学习Flash CS5中3D工具的使用，不再需要依赖于外部软件，通过Flash CS5中新增的3D工具就能制作一些简单的3D动画效果，并理解3D动画的制作原理，丰富制作手段，让自己的动画作品更加形象、生动。

能力目标

1. 能够使用3D工具制作3D图形❶
2. 能够使用Flash CS5制作3D动画

学时分配

8课时（讲课4课时，实践4课时）

知识目标

1. 了解Flash CS5中的3D图形
2. 理解3D旋转工具❷和3D平移工具❸的基本操作方法
3. 了解"动画预设"面板中部分3D效果的应用方法

模拟制作任务

任务 1 制作某网站"时空画面"栏目的片头动画

任务背景

某视频网站要增加一个"时空画面"的栏目，用于回忆、纪念某段过去的时光，栏目组希望设计师小宋能够制作一个具有3D视觉空间效果的Flash动画片头，最好能够设计出一些照片在3D空间平移的效果，体现一种历史空间的氛围，完成效果如图9-1所示。

图9-1 "时空画面"栏目动画效果

任务要求

1．三维空间感强。
2．使照片在3D空间平移的效果有历史感。

重点、难点

1．3D空间效果的制作。
2．照片在3D空间平移效果的制作。

【技术要领】Deco工具、3D旋转工具、3D平移工具。
【解决问题】3D空间背景制作、3D平移效果制作。
【应用领域】网站片头动画、企业形象动画。
【素材来源】模块09\素材\3D片头.fla。

任务分析

先制作一个黑白二维图案，通过3D旋转工具做成具有空间透视感的背景，再将各图片做成影片剪辑元件，创建3D补间动画。Flash软件中的3D功能毕竟有限，不可能实现特别真实的3D效果，是否应用好工具将决定效果能否更加真实。

操作步骤

创建文档

01 启动Flash CS5，按Ctrl+N组合键打开"新建文档"对话框，在"常规"选项卡中选择类型为"Action Script3.0"，单击"确定"按钮，新建一个空白文档。按Ctrl+J组合键修改文档设置，参数如图9-2所示。

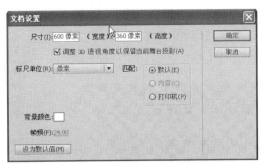

图9-2　新建文档并修改属性

制作黑白相间的二维背景图案

02 选择"插入" > "新建元件"命令，新建一个名为"黑白方格"的影片剪辑元件，单击"确定"按钮进入到元件编辑窗口，如图9-3所示。

03 选择"工具箱"中的"Deco工具"，在"属性"面板里设置"绘制效果"为"网格填充"，将"平铺1"和"平铺2"的颜色分别设置为"黑色"和"白色"，去掉"平铺3"和"平铺4"的复选框勾选，并在"高级选项"里将"水平间距"和"垂直间距"的数值设置为"0"，如图9-4所示。

图9-3　新建影片剪辑元件1　　　图9-4　Deco工具的属性

04 在舞台中间单击鼠标，用网格填充效果进行填充，完成黑白二维图案的绘制，如图9-5所示。

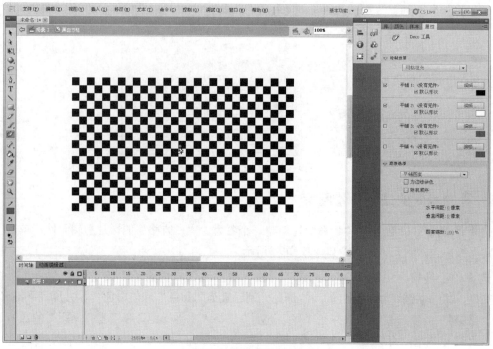

图9-5　网格填充效果

制作影片元件

05 选择"文件">"导入">"导入到库"命令，将"素材\模块09\老照片"中全部的12张图片
导入到"库"中，如图9-6所示。

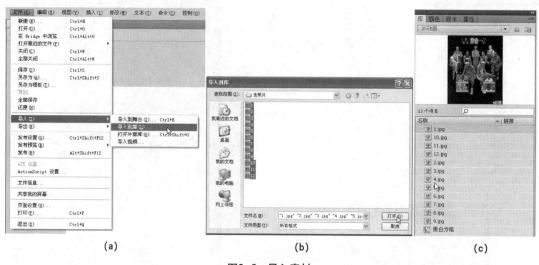

(a)　　　　　　　　　　　　　　　　(b)　　　　　　　　　　　　　　　　(c)

图9-6　导入素材

06 选择"插入">"新建元件"命令，新建一个名为"t1"的影片剪辑元件，单击"确定"按
钮，进入元件编辑窗口，如图9-7所示。

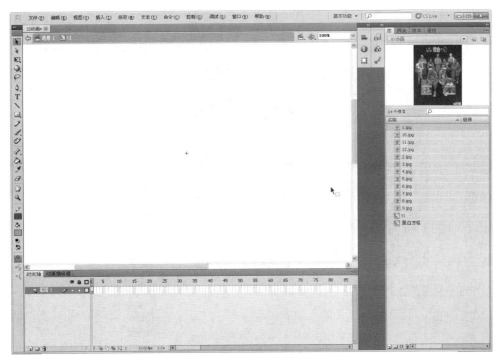

图9-7　新建影片剪辑元件2

07 从"库"中拖动"1.jpg"到舞台中央，并通过"对齐"面板（快捷键Ctrl+K）使图片与舞台居中对齐，如图9-8所示。

图9-8　图片对齐

08 按照上述两个步骤，分别将"库"中剩余的11张图片建立11个影片剪辑元件，如图9-9

所示。

图9-9　新建影片剪辑元件3

制作3D平移动画

09 单击舞台左上角的"场景1" 按钮，返回场景1。从"库"中将名为"黑白方格"的影片剪辑元件拖放到舞台中央，如图9-10所示。

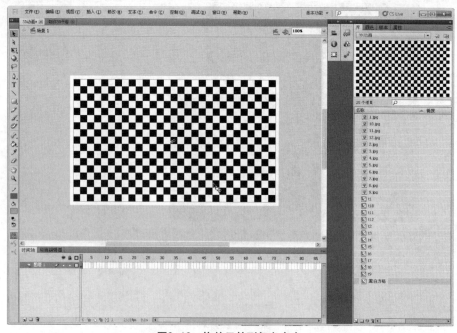

图9-10　拖放元件到舞台中央

10 保持元件被选中状态，选择"窗口">"对齐"命令，打开"对齐"面板，勾选"与舞台对齐"选项，通过单击"垂直居中分布"和"水平居中分布"按钮，使元件与舞台居中对齐，如图9-11所示。

11 选择"工具箱"中的"3D旋转工具" ，单击选中元件，这时元件中间出现"3D旋转控件"，在"属性"面板里设置"透视角度"为"70"，如图9-12所示。

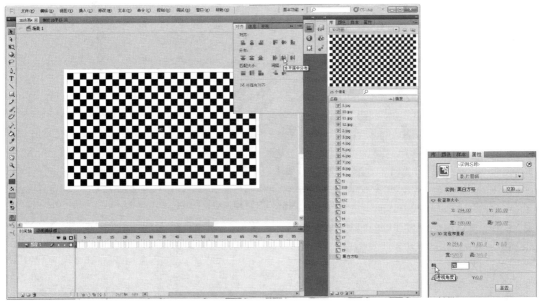

图9-11 打开"对齐"面板   图9-12 设置"透视角度"

12 拖动"3D旋转控件"中红色的"X坐标线"向左旋转，使元件在X坐标上旋转，调整效果如图9-13所示。

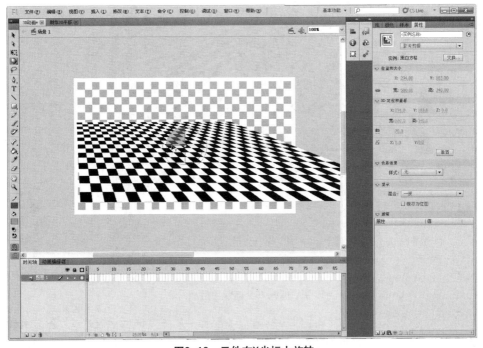

图9-13 元件在X坐标上旋转

13 在"属性"面板里调整"消失点X位置"为"90","消失点Y位置"为"-178","位置和大小"等具体数值如图9-14所示,总之,确保"黑白方格"元件能完全覆盖场景背景。

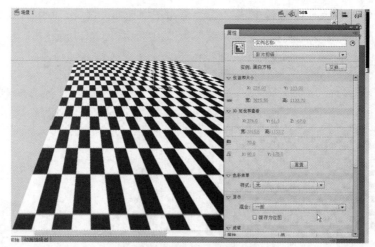

图9-14　调整"位置和大小"

14 单击"时间轴"面板上的"新建图层"按钮,新建"图层2",从"库"中拖动名为"t1"的影片剪辑元件到舞台上,如图9-15所示。

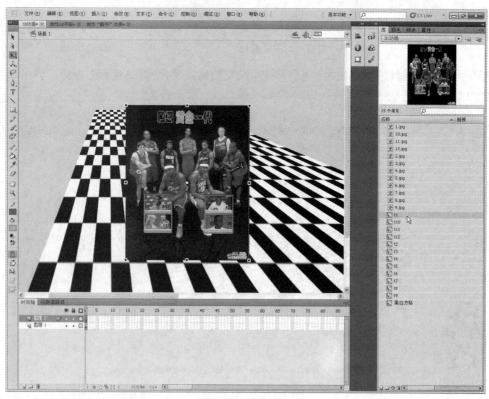

图9-15　新建图层

15 使用"3D旋转工具" 和"3D平移工具" ,配合"属性"面板调整"t1"影片剪辑元件的透视、位置和大小,效果如图9-16所示。

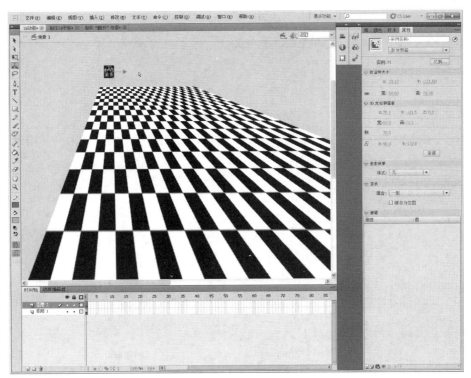

图9-16　调整效果

16 在"图层2"的第一帧上单击右键，选择"创建补间动画"命令，如图9-17所示。

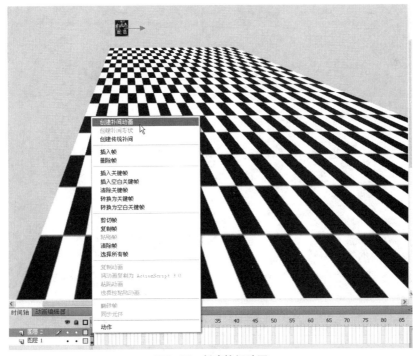

图9-17　创建补间动画

17 拖动补间最后一帧，使其补间范围延长至第50帧，如图9-18所示。

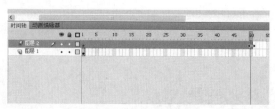

图9-18　延长补间范围

18 在第1帧到第50帧之间的任意一帧上单击右键，选择"3D补间"命令，如图9-19所示。

图9-19　创建"3D补间"

19 选中"图层1"的第50帧，按F6键插入关键帧，使黑白背景显示出来，如图9-20所示。

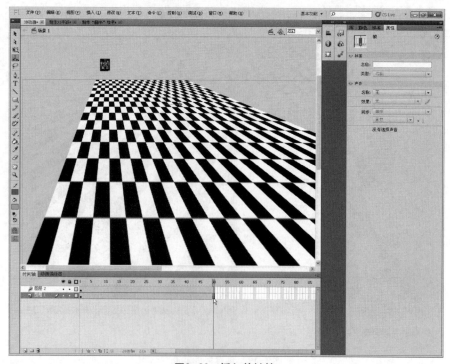

图9-20　插入关键帧

20 选中"图层2"的第50帧，选择工具箱中的"3D平移工具 "，分别在元件的X、Y、Z坐标方向进行平移，调整元件到合适的位置，效果如图9-21所示。

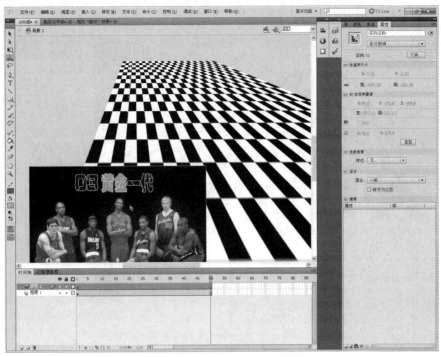

图9-21　调整元件位置

21 分别新建"图层3"～"图层13"，并拖动"库"中剩余的影片剪辑元件（t2～t12）到相应的图层上，按照上述步骤（14~20）的方法，创建3D补间动画❺，如图9-22所示。

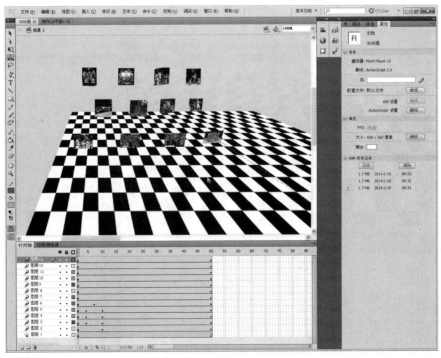

(a)

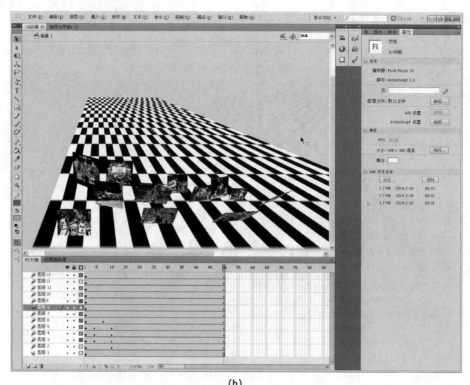

(b)

图9-22　新建图层并创建3D补间动画

22 单击"时间轴"面板上的"新建图层"按钮，新建"图层14"，选择"工具箱"中的"文本工具"，在"属性"面板里设置字符的"系列"为"方正正大黑简体"，"大小"为"50"点，"颜色"为"橙色"（#FF9900），在舞台中间单击鼠标左键，输入"时空画面"4个字，如图9-23所示。

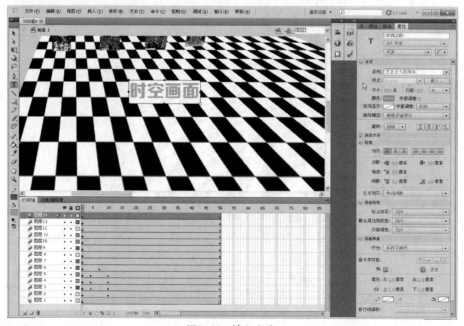

图9-23　输入文字

23 保持文字块的选中状态，按快捷键Ctrl+K打开"对齐面板"，勾选"与舞台对齐"选项，
单击"分布栏"下面的"垂直居中分布"和"水平居中分布"按钮，使其与舞台中心对
齐，如图9-24所示。

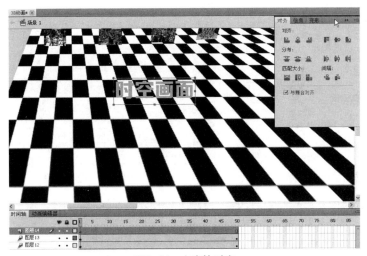

图9-24 文字块对齐

24 选择"工具箱"中的"选择工具"，按住键盘上的"Shift"键将"时空画面"4个字移出舞
台，放到舞台右侧场景外，如图9-25所示。

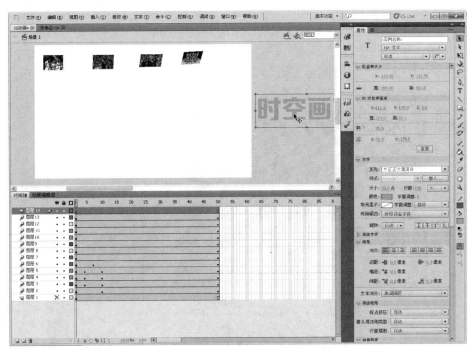

图9-25 移动文字块位置

25 选择"窗口">"动画预设"命令，打开"动画预设"面板，如图9-26所示。

26 在"默认预设"选项下选择"从右边飞入"选项，单击"应用"按钮，将预设应用到选
区，如图9-27所示。

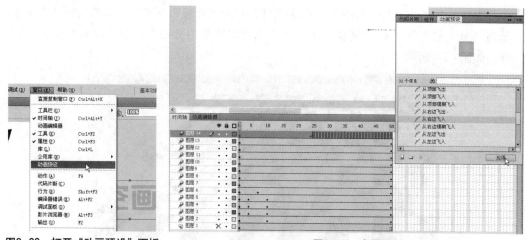

图9-26　打开"动画预设"面板　　　　　　　　　图9-27　应用预设

27 将选区范围调整为从第35帧到第50帧，如图9-28所示。

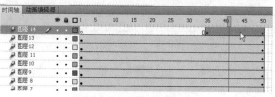

图9-28　调整选区范围

28 选中"图层4"的第50帧，单击"工具箱"中的"选择工具"，选中"时空画面"文字块，
按快捷键Ctrl+K打开"对齐面板"，勾选"与舞台对齐"选项，单击"分布栏"下面的
"垂直居中分布"和"水平居中分布"按钮，使其与舞台中心对齐，如图9-29所示。

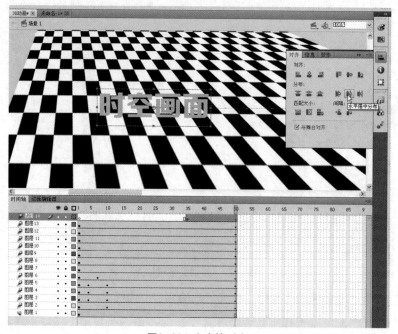

图9-29　文字块对齐

29 单击"时间轴"面板上的"新建图层"按钮，新建"图层15"，在该图层的第50帧上按F7 键插入空白关键帧，在该帧上单击右键选择"动作"命令，打开"动作"面板，添加动作 脚本"stop();"，如图9-30所示。

图9-30　添加动作脚本

30 至此，该片头动画制作完成，按Ctrl+Enter键测试动画，如图9-31所示。

图9-31　测试效果

知识点拓展

❶ Flash CS5中的3D图形

在Flash CS5中，可以使用3D工具在舞台的3D空间中移动和旋转影片剪辑元件来创建3D效果。Flash通过在每个影片剪辑实例的属性中包括Z轴来表示3D空间。在3D空间中移动一个对象叫作平移，旋转一个对象叫作变形。通过Flash CS5中的3D工具创建的3D效果图形，只运用于影片剪辑元件。

（1）全局3D空间

全局3D空间即为舞台空间，全局变形和平移与舞台相关，3D旋转工具和3D平移工具的默认模式是全局3D空间。

（2）局部3D空间即为影片剪辑空间，局部变形和平移与影片剪辑空间有关，单击"工具箱"下方的"全局转换" 按钮可以将其切换为局部模式。

❷ 3D旋转对象

使用"3D旋转工具" 可以在3D空间中旋转影片剪辑元件，3D旋转控件出现在舞台上的选定对象之上。红色的是X轴控件，绿色的是Y轴控件，蓝色的是Z轴控件。橙色的是自由旋转控件，使用它可使元件同时绕X轴、Y轴和Z轴旋转。

> **注意**
>
> 可以使用"变形"面板中的3D旋转精确地旋转影片剪辑元件，这个可在全局3D空间或局部3D空间中进行，具体取决于"工具"面板中"3D旋转工具"的当前模式。

（1）X轴旋转

将鼠标光标移动到红色控件上，光标变成▸形状时，拖动光标，可以以X轴为对称轴旋转影片剪辑元件，如图9-32所示。

（2）Y轴旋转

将鼠标光标移动到绿色控件上，光标变成▸形状时，拖动光标，可以以Y轴为对称轴旋转影片剪辑元件，如图9-33所示。

图9-32 X轴旋转

图9-33 Y轴旋转

（3）Z轴旋转

将鼠标光标移动到蓝色控件上，光标变成▸形状时，拖动光标，可以以Z轴为对称轴旋转影片剪辑元件，如图9-34所示。

（4）自由旋转

将鼠标光标移动到最外圈的橙色控件上，光标变成▸形状时，可以拖动光标同时旋转X轴、Y轴和Z轴，如图9-35所示。

图9-34　Z轴旋转

图9-35　自由旋转

（5）"变形"面板

用"工具箱"中的"选择工具" 选择影片剪辑元件，按下Ctrl+T组合键打开"变形"面板，通过设置"3D旋转栏"中的X轴、Y轴和Z轴的值也可以对影片剪辑元件进行3D旋转，如图9-36所示。

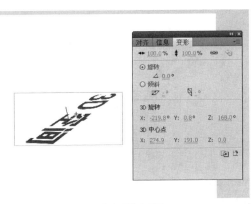

图9-36　"变形"面板

> **注意**
>
> 按住Shift键，用"3D旋转工具"选择多个对象，可以同时旋转多个对象。

❸ 3D平移对象

"3D平移工具" 用于在3D空间中移动影片剪辑元件，用它选中影片剪辑元件后，元件的X轴、Y轴和Z轴将显示在舞台上对象的顶部。X轴为红色，Y轴为绿色，Z轴为蓝色。

（1）X轴平移

将鼠标光标移动到红色控件上，光标变成 形状时，拖动光标，可以以X轴为方向平移影片剪辑元件，如图9-37所示。

（2）Y轴平移

将鼠标光标移动到绿色控件上，光标变成 形状时，拖动光标，可以以Y轴为方向平移影片剪辑元件，如图9-38所示。

（3）Z轴平移

将鼠标光标移动到蓝色控件上，光标变成 形状时，拖动光标，可以以Z轴为方向平移影片剪辑元件，如图9-39所示。

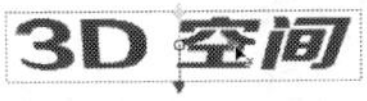

图9-37　X轴平移 　　　　　图9-38　Y轴平移 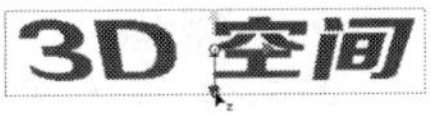　　　　　图9-39　Z轴平移

> **? 注意**
>
> 按住Shift键，用"3D平移工具"选择多个对象，可以同时平移多个对象。

（4）透视

在影片剪辑元件的"属性"面板里面都有一个"透视角度"项，通过更改它的数值可以控制影片剪辑元件在舞台上的外观视角，如图9-40所示。

图9-40　透视角度

（5）消失点

在影片剪辑元件的"属性"面板里面还有一个"消失点"项，通过更改"消失点X位置"和"消失点Y位置"的数值可以控制影片剪辑元件在舞台上的Z轴方向，通过调整消失点的位置，可以精确地控制舞台上3D对象的外观和动画，如图9-41所示。

图9-41　调整消失点的位置

"透视角度"的参数会影响应用了3D平移或旋转的所有影片剪辑,但不会影响其他影片剪辑。其默认的透视角度为55,数值范围为1~180。

要在"属性"面板中查看或设置透视角度,必须在舞台上选择一个3D影片剪辑元件。

透视角度在更改舞台大小时会自动更改,以便3D对象的外观不会发生变化。

如果调整舞台的大小,消失点不会自动更新,则要保持由消失点的特定位置创建的3D效果,可以根据新舞台的大小重新定位消失点。

❹ 3D编辑工具

Flash中的3D动画是创建在补间动画的基础上,并对影片剪辑实例应用的3D效果。Flash中的3D工具主要针对影片剪辑实例。

(1)属性检查器

属性检查器也叫"属性"面板,通过属性检查器可以对影片剪辑元件进行3D定位,可以编辑元件的色彩效果、滤镜等属性,也可以在补间属性检查器中编辑补间属性,如缓动、旋转和运动路径等,如图9-42所示。

图9-42　属性检查器

(2)动画编辑器

通过"动画编辑器"面板可以查看所有补间属性及其属性关键帧。它还提供了向补间添加精度和详细信息的工具,可以对X轴、Y轴和Z轴属性的各个属性关键帧启用浮动,并可以在属性曲线上为其添加和删除控制点,如图9-43所示。

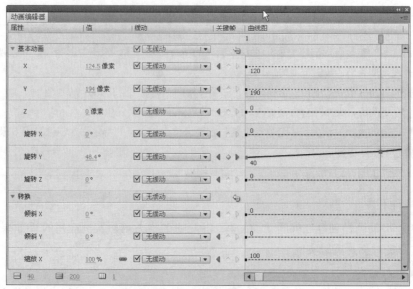

图9-43 "动画编辑器"面板

❺ 创建3D动画

（1）通过3D工具可以在补间动画中对影片剪辑元件进行3D动画的创建。创建3D补间动画时，首先需要对舞台中的影片剪辑元件创建补间动画，然后再在时间轴的补间范围内应用3D补间，如图9-44所示。

(a)

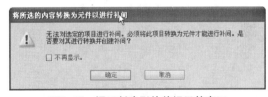

(b)

图9-44　创建补间动画并应用3D补间

注意

一定要把对象转成影片
剪辑元件才能进行补间
动画创建，否则会弹出
提示窗口，如图9-45
所示。

图9-45　提示创建影片剪辑元件窗口

（2）Flash软件提供的"动画预设"面板也可以创建一些3D动画效果。以制作一个3D文本滚动效果为例。

① 启动Flash CS5软件，新建一个文档。

② 选择"插入"＞"新建元件"命令，新建一个影片剪辑元件，命令为"北京爱情故事"如图9-46所示。

图9-46　新建元件

③ 给影片剪辑元件命名后，单击"确定"按钮进入影片剪辑元件的编辑窗口，选择"工具箱"中的"文本工具"，在舞台上单击并拖动鼠标左键绘制一个文字块，如图9-47所示。

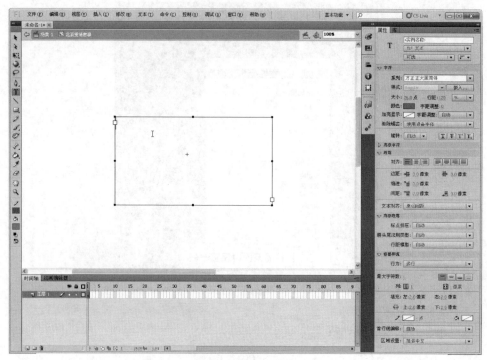

图9-47 绘制文字块

④ 输入文本，填满文字块，效果如图9-48所示。

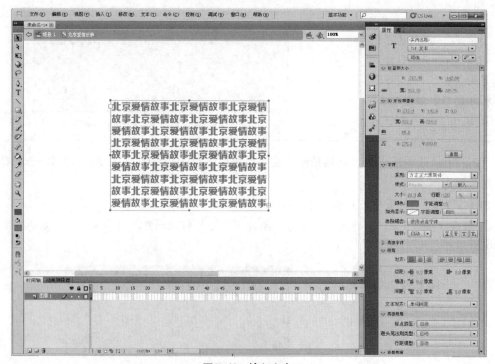

图9-48 输入文本

⑤ 单击"场景1"按钮返回主场景。将名为"北京爱情故事"的影片剪辑元件从库中拖放到场景中。选择"窗口">"动画预设"命令，打开"动画预设"面板，如图9-49所示。

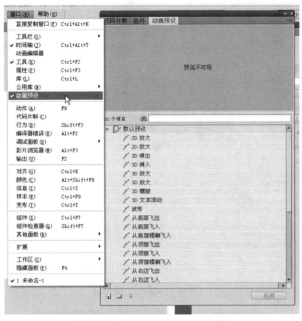

图9-49 打开"动画预设"面板

⑥ 在"默认预设"列表中选择"3D文本滚动"，单击"应用"按钮，舞台上的文字已经加入了"3D文本滚动"的动画，如图9-50和图9-51所示。

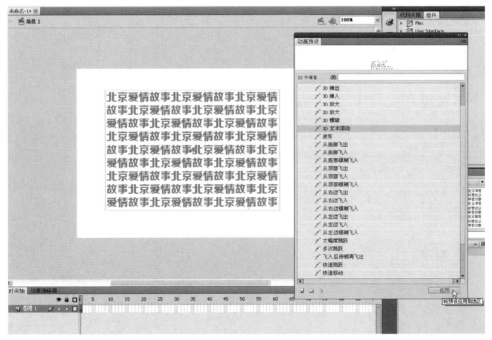

图9-50 选择"3D文本滚动"

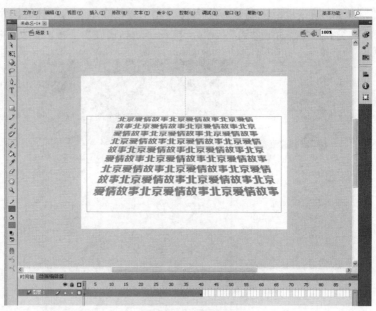

图9-51　应用预设

⑦ 按Ctrl+Enter组合键测试动画，最终如图9-52所示。

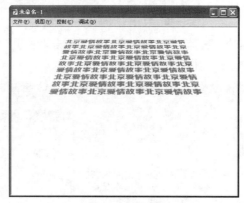

图9-52　测试效果

独立实践任务

任务 2 制作翻书效果相册

任务背景	**任务要求**
某大学迎宾大厅的电视屏上需要展示学院的校园风景图片，宣传中心主任要求设计师小宋制作一个自动播放的Flash动画。	格式要新颖一些，最好能做成翻书效果。

【技术要领】3D旋转工具。

【解决问题】3D翻转效果制作。

【素材来源】素材\模块09\3D翻书。

任务分析

_____

_____

_____

主要制作步骤

_____

_____

_____

_____

职业技能知识点考核

1.单项选择题

（1）使用3D平移工具时，3D平移控件中的蓝色线表示（　）

A.X轴　　　　　　　　B.Y轴　　　　　　　　C.Z轴　　　　　　　　D.F轴

（2）使用3D平移工具或3D旋转工具对素材进行平移或旋转时，素材必须被转成（　）

A.影片剪辑元件　　　　B.图形元件　　　　　C.按钮元件　　　　　D.矢量图

2.多项选择题

使用"3D旋转工具" 可以在3D空间中旋转影片剪辑元件，3D旋转控件出现在舞台上的选定对象之上。下列说法正确的是（　）

A.红色的是X轴控件。

B.绿色的是Y轴控件。

C.蓝色的是Z轴控件。

D.橙色的是自由旋转控件。

3.判断题

（1）选中元件，打开"对齐"面板，勾选"与舞台对齐"选项，通过单击"垂直居中分布"和"水平居中分布"按钮，可以使元件与舞台居中对齐。（　）

（2）选择"窗口" > "动画预设"命令，打开"动画预设"面板，在"默认预设"选项下选择"从右边飞入"选项，单击"应用"按钮，即可以将预设应用到选区。（　）

（3）将鼠标光标移动到绿色控件上，光标变成 形状时，拖动光标，可以以Y轴为方向平移影片剪辑元件。（　）